国外炼油化工新技术丛书

炼厂环境管理体系手册

［美］Nicholas P.Cheremisinoff　著

张志华　等译

石油工业出版社

内 容 提 要

　　本书主要讲述环境管理体系（EMS）和污染防治在炼厂中的应用，具体内容不但包括EMS 的定义、EMS 的各个要素、EMS 的运行工具、EMS 对公司可持续发展和竞争力提升的作用，还包括进行污染防治审计工具包，以及某炼厂的早期环境评估案例和另一炼厂的清洁生产案例。

　　本书可供从事炼厂安全环保工作的管理人员、技术人员以及相关专业的师生参考使用。

图书在版编目（CIP）数据

　　炼厂环境管理体系手册／（美）尼古拉斯 P. 切雷梅森奥夫著；张志华等译 .

北京：石油工业出版社 ,2018.1

　　（国外炼油化工新技术丛书）

　　书名原文：Environmental Managament Systems Handbook for Refinieries

　　ISBN 978−7−5183−2325−8

　　Ⅰ . ①炼… Ⅱ . ①尼… ②张… Ⅲ . ①炼油厂−环境

管理−手册 Ⅳ . ①X322−62

　　中国版本图书馆 CIP 数据核字 (2017) 第 307266 号

Environmental Management Systems Handbook for Refineries

Nicholas P. Cheremisinoff

ISBN: 9780976511380

Copyright © 2006 Elsevier. All rights reserved.

Authorized Chinese translation published by Petroleum Industry Press.

《炼厂环境管理体系手册》(张志华 等译)

ISBN: 9787518323258

出版发行：石油工业出版社

　　　　　（北京安定门外安华里 2 区 1 号楼　　100011）

　　　　网　　址：www.petropub.com

　　　　编辑部：(010) 64523738　　图书营销中心：(010) 64523633

经　　销：全国新华书店

印　　刷：北京中石油彩色印刷有限责任公司

2018 年 1 月第 1 版　　2018 年 1 月第 1 次印刷

787×1092 毫米　　开本：1/16　　印张：10

字数：250 千字

定价：98.00 元

（如出现印装质量问题，我社图书营销中心负责调换）

版权所有，翻印必究

《炼厂环境管理体系手册》
翻　译　组

组　长：张志华

成　员：翟绪丽　张雅琳　王延飞　付凯妹　余颖龙

张占全　王　燕　庄梦琪　王嘉祎　王晶晶

袁晓亮　谢　彬　张馨艺　齐丽薇

译者前言

自古以来，人与自然之间的关系是人类社会生存与发展的最基本的关系之一。从某种意义上说，人类的文明过程实际上就是人类对自然不断改造的过程。同时，自然环境以各种形式影响着人类社会，极端的如自然灾害，细微的如蝴蝶扇动翅膀。在当今世界，人与自然的交互作用愈演愈烈。随着人类社会的不断进步，对自然的改造程度不断加深，环境问题日趋显现，甚至越发严重。这一全球范围的自然生态变迁引发了对环境问题大范围、长时间、多角度、深层次的关注和研究。

在此背景下，所有的商业行为都面临着挑战，盘旋上升的原料和人力成本，努力提升的市场竞争力，日趋严格的环保要求，甚至不断变化的行业规则，决策者该如何平衡和取舍？集中精力进行污染治理，仍然是对环境和社会负责任的行为吗？以前或许是，但从现在以及长远来看，这并不是明智的做法。事实上，任何企业，包括炼厂，都应该将精力集中在环境管理上，在商业行为的最初策划阶段，将环境管理纳入基础投资中，致力于环境效益的持续改善，而对持续改进环境效益的承诺已逐步成为制造业关注的焦点。本书将环境管理体系（EMS）和污染防治结合起来，主要讲述在炼厂中的应用，其原理对所有制造业都是适用的。

本书第一章由翟绪丽翻译，第二章由张雅琳翻译，第三章和第四章由王延飞翻译，第五章由付凯妹翻译，第六章由余颖龙翻译，第七章由张占全翻译。最终张志华专家完成了统稿和审核工作。王燕、庄梦琪、王嘉祎、王晶晶、袁晓亮、谢彬、张馨艺、齐丽薇等在本书翻译修改过程中也提供了很多帮助，在此一并表示感谢。

限于译者的理论水平和实践经验，书中难免有不妥之处，恳请广大读者批评指正。

原书前言

读者可以把本书作为建立环境管理体系的初级读本。尽管本书主要针对炼厂操作，但是它的原理和常规讨论对所有制造业都是适用的。

所有商业操作都面临全球挑战，涉及不断变化的规则、市场竞争力以及盘旋上升的原材料和人力成本之间的动态交互作用。因此在任何商业的最初策划阶段，想要把环境管理问题从基础投资中分离出来是不可能的。事实上，任何公司、工厂或者炼厂如果将精力集中于污染治理而不是环境管理，今后10年里就会发现这是非常不明智的。如果不将精力集中于环境效益的持续改进，必将会增加成本，进而带来财务风险。对持续改进环境效益的承诺已逐步成为制造业的普遍关切问题。

在与环境管理体系（EMS）以及污染防治相关的众多出版物以及网络资源中，很少有出版物在某一章节中同时探讨这两个方面。这很奇怪，因为全世界通用的 EMS，ISO 14001，就是建立在污染防治和清洁生产实践与技术基础上的。几年前，我的早期著作《绿色效益》（*Green Profits*）是最早一批试图在实践层面上将两者紧密联席在一起的出版物。但是该书前面章节侧重理论，后面章节才将理论与炼厂实际结合起来。

本书的目的并不是要广泛详尽地介绍或者试图总结在 EMS 应用领域的众多文献资料；相反，只是要补充在某一个行业领域的应用。另外，本书包含一个审计表格的工具包，可以用于污染防治的审核，因此实用性更强。正如书中所阐述的，污染防治（P2）是任何 EMS 的核心，是企业获得环境效益持续改进的基础。

本书共分为七章。第一章提供了一些案例，用以强调 EMS 以及其核心污染防治对项目以及公司的必要性。应用 EMS 只是出于责任关怀的一件简单的事情，但它却可以对公司的可持续发展产生重要影响。第一章同时介绍了什么是 EMS 以及其与污染控制的区别，通过案例学习使读者认识到，仅满足最低的环保要求对于今天的标准来说是远远不够的。

第二章在专注于早期环境评估（Initial Environmental Review，IER）的同时，

详细阐述了 EMS 的各个要素。IER 是帮助炼厂识别和挑选出最重要的环境因素以便优先处理的方法和工具。

第三章提供了一个管理模型，更清晰地解释了污染防治或清洁生产技术是如何作用并增强 EMS 的。本章还讨论了环境管理信息系统（Environmental Management Information Systems，EMIS），EMIS 是使 EMS 在整个炼厂或者公司内有效运行的必需工具。

第四章是一个简短的总结，将对 EMS 的需求以及公司的可持续性、财务健康和竞争力联系起来。

第五章介绍了进行污染防治或清洁生产审核的具体步骤。这些步骤简明而且规范，因此污染防治小组可以直接进行审核的实践和实施。工具包和工作表使审核变得更加容易。

第六章介绍了一个中东小炼厂进行 IER 的具体案例，阐述了如何通过集成的 EMS/P2 方法节省投资以及获得早期的收益。

第七章提供了一个炼厂清洁生产的案例。

最后，衷心感谢约旦炼厂的大力支持，他们愿意跟我一起工作，并且投入了主要精力用于实施正式的 EMS。同时，特别感谢海湾出版社对本书出版所付出的努力。

目　　录

第一章 仅满足要求就够吗？

第一节 简 介

第一章重点讨论这个问题：仅满足要求就够吗？如果你的经营和生产行为均按照现行环境法规和标准进行，那么这个企业整体上就肯定有很好的环境效益。是这样的吗？

几年前问世的很多书详细解释了超越基本要求的必要性。大部分书中所关注的核心理念在本书后续也会涉及，即超越最低要求所带来的间接收益可以提高公司的盈利底线，比如通过"绿色"商业这样积极的公司形象获得竞争优势。后续会讨论的这样或那样的收益都是真实存在的，但是更重要的一个原因是——可持续性。

可持续性在环境管理体系中有两层含义。第一层是通过污染防治和节约能源获得持续使用能源的能力。废物最小化以及循环利用使公司可以更高效地利用有限的资源，进而保证未来若干年经营对能源的需求。可持续性的这一个概念会在第四章讨论。可持续性的第二层含义与商业的未来风险有关。就这一点而言，我们借用法律专业的一个术语：债务。所有的公司，不论生产运行属于哪个工业部门，也不论合规记录有多好，都面临未来债务。在今天可以治理得很好的污染问题在未来就未必如此。公司经常会将这些看作环境治理的无形成本，通常被工业界或商业界领导所忽视。这是一个错误，因为在现行法律框架中运行的大多数公司会逐渐面临巨大债务，而这些债务会威胁到自身的生存。大部分这样的例子并不会被广泛宣传，因此普通出版物很难提供一个工业方面具体的事例。但是，本书包含一些例子，这些例子是我作为环境法务专家在参与制造业的重建以及公司责任关怀问题时所接触到的。这将有助于展示，为什么在任何商业运营的可持续性长期规划中应该考虑无形成本。

尽管本书关注的是石油工业，包括炼厂以及其下游和上游其他过程，从广义概念来说，炼厂并不是独立的商业单元，不能将它与其他工业分割开。简而言之，本章所讨论的原则以及第五章内容，同样适用于其他工业部门。

在前言中也已经指出，创作本书的目的并不是详细地讲述 EMS 的所有概念、案例以及与之相关的规程。这方面的文献资料非常丰富且广泛，无论是出版物还是网上资源都是海量的，读者可以利用这些资源指导 EMS 的操作实践业务。其中有一些很不错的资源，但是却没有一个综合性的、权威性的。本书努力在已经非常丰富和广泛的技术资料中补充一些概念和方法，这些概念和方法可以帮助企业通过改进环境效益形成自己的策略，同时也是所有商业都需要满足的几个基本要素——可持续性、竞争力、盈利能力。

第二节　环境成本核算

一、概念的引入

为了业务的保持和增长，需要进行仪器、装置、服务和基础设施的投资，用于分析投资决策和生命周期成本（Life-Cycle Costing，LCC）的财务核算工具则是与投资评估紧密相连的技术。这些投资要有回报和未来的收益，或者对未来成本有影响。熟悉企业财务管理的读者会发现，对一些投资方案进行评估和选择的过程与资本预算有相同的目的。对工程师来说，这一过程被称为工程经济评价。无论称为哪个术语，经济评估和投资方案比较的过程都围绕一些分析技术，即确定投资策略的工具进行。对于环境管理，这些工具可以帮助企业评估不同策略的经济效益，或者比较这些策略与维持现状的不同。理想的状况是，聪明的公司会基于成本、节约成本和降低环境债务风险进行长期规划，如同进行其他商业行为一样。不幸的是，一些企业仍然存在将环境问题与其他主流业务规划和投资决策分开的想法。这是一个错误，因为在现如今的社会中，将主流业务与其环境债务分开是不可能的。

投资的本质就是牺牲眼前利益换取未来利益。任何一个投资决定都需要回答这样一个问题：从投资中获得的未来净收益是否大于最初的成本？收益可能是未来新增的收入，也可能是无形的或者非金钱形式的。

LCC 所强调的问题是如何最方便地完成一个指定的任务。换句话说，LCC 帮助定义一个成本最低的方法，将最初的投资和未来操作成本都包括在内。LCC 也涉及风险评估，从这个意义上来说，一些在考虑中的需要更多原始投资的策略或方案，就需要拥有比其他方案更低的未来成本。为了获得一个投资组合的标准，公司需要关注投资的直接成本以及为降低长期债务的潜在成本。针对公司所面临的环境问题，需要关注几个不同层面的成本。

如果忽视或者没有认识到与污染控制和废物管理相关的真正的总的成本，就会导致所制定的关于污染治理的投资决策过多地依赖于末端治理技术。为了识别出所有成本，可将其分为如下 4 个不同的类别或层面：

（1）寻常或正常的成本。该类成本包括：

①污染费（如达到法律允许排放标准的污染物的排放费用）。

②直接人力成本。

③原料成本（如化学原料、水）。

④能量。

⑤固定设备成本。

⑥污染控制设备的现场准备。

⑦为适应污染控制而对设备和工艺进行的改动。

⑧员工培训。

⑨建造许可。

（2）隐藏或非直接的成本。该类成本包括：

①监测相关的成本。

②许可费用（如操作许可、更新许可等）。

③环境转变成本（例如，将一个水污染问题转变成一个固体废物处理问题的成本；处理固体悬浊液的压滤机的脱水操作。这一方法产生了需要处理的污泥。另一个例子是解决空气污染问题时用于捕捉灰尘的湿式除尘器。在这个例子里，尽管消除或降低了空气污染问题，但带来了水污染问题。这个水污染问题可能也需要其他处理技术，进而造成污泥排放问题）。

④环境影响报告（Environmental Impact Statements，EIS）。这取决于特定项目的性质，EIS 可能需要几千美元以及很长时间。

⑤环境和安全评估。

⑥服务协议。

⑦法律成本。

⑧控制仪表。

⑨维修和更换成本。

⑩报告和记录保存。

（3）未来债务成本。该类成本包括：

①补救行为成本（现场清理以及第三方伤害的清理）。

②工人的个人伤害。

③对公众的健康风险和伤害。

④更严格的要求（环保达标是一个动态的目标，今天所使用的控制技术在若干年之后可能会被淘汰）。

⑤通货膨胀（这会对高原料成本、高能源成本以及废物处理服务有影响）。

（4）无形的成本。该类成本包括：

①因为环境管理不到位导致的消费者反应和信心丧失（消费者和投资者更喜欢有环保意识并且对环境管理有积极规划的公司，这一点很容易被感知）。

②员工关系（环境管理不当会使员工面临健康风险）。

③获得和提升金融信用额度（如果一个公司在环境管理方面面临巨大风险，贷款机构将不会发放贷款或者提供贷款的优惠条件）。

④出售财产和吸收兼并时的不利影响（一个寻求合作或者合并的公司并不愿意承担另一个公司的环境债务；不当的环境管理会给投资者和合作机构带来巨大的债务）。

⑤更高的保险费用（一个环保记录不好的公司就意味着风险，可能会因为火灾、爆炸或者健康风险给员工和社会带来潜在的财产损失；保险公司并不会承担这些风险，或者在非常有限的范围内征收高额保费）。

⑥成为频繁环保检查和纠正工作的焦点（如果环境监管机构发现不达标或者事故重复出现，这套设备将会因很多违规行为而受特殊对待，罚金、检查、纠正工作都会带来巨额成本，包括生产计划的中断和法律成本）。

⑦在环保处罚和罚金谈判时缺少说服力（在技术发达国家，环保法规非常复杂，而各环

节又是分开的，有可能被无辜地认为违反了环保法规。如果公司环境管理向来不好，对于无辜违规的谈判就缺乏立足点，而被认为是一贯行为）。

第一类和第二类各成本构成在选择污染管理策略时通常都会被识别出来。但是如果只关注这些成本构成，就很容易把投资做成一个基于控制的技术。相比较而言，第三类和第四类成本通常没有受到足够的重视（它们被认为不如直接和有形的成本重要，通常是因为这些成本构成很难指定一个确定的数值）或者没有被认识到。这是一个错误，因为给这些构成附上适当的重要性和最可能的成本，其他策略可能就变得更明显和更具吸引力了。

在评估总成本时恰当地评估第三类和第四类成本构成，并将其作为选择合适的污染管理策略的基础，就需要应用风险评估法则。因为最终的目标是在达到或超过环保要求的基础上的一个划算的策略，风险评估应该成为生命周期成本分析（Life-Cycle Costing Analysis，LCCA）的一部分。

在对污染管理策略做投资决定时，理解和分析每个类别的成本构成非常关键。如果公司只关注显而易见的成本（第一类和第二类），一些可能改变污染防治投资决定的关键因素就很可能被忽略。例如，考虑一个需要使用铬溶液的电镀操作。这类操作会产生剧毒的污泥和废水，其中含有致癌物质六价铬。严格的环保法规要求应用最好的可用技术（Best Available Technologies，BAT）控制废水排放和安全处置有毒的污泥。但是 BAT 一般都比较昂贵，尤其是对于规定的危险污染物。

只关注第一类和第二类成本构成，很可能的结果就是，成本最低的方案后续还需要 BAT（如末端治理）。如果分析关注员工健康风险、累计排污费用、现场污水处理费用、累计污泥稳定费用、现场废物分段处理、记录和报告保存要求、运输和处理等问题，那么其他代替或消除六价铬生成的过程会变得更有吸引力。如果将设备出售时的未来潜在债务也考虑在内，如修复所需支付的费用，会发现需要更多的投资以消除铬的策略是很有道理的。基于此，才可以应用生命周期成本技术做出明智的投资决策。

各类成本构成总结见表1-1。

表1-1 污染成本类别

序号	成本类别	典型成本构成
1	寻常或正常的成本	直接人力成本；原料成本；能量；固定设备成本；现场准备；设备和工艺改动；员工培训；建造许可
2	隐藏或非直接的成本	监测；许可费用；环境转变；环境影响报告；环境和安全评估；服务协议；法律成本；控制仪表；维修和更换成本；报告和记录保存
3	未来债务成本	补救行为；工人的个人伤害；对公众的健康风险和伤害；更严格的要求；通货膨胀
4	无形的成本	消费者反应和信心丧失；员工关系；获得和提升金融信用额度；财产价值；保险费用；频繁的环保检查和处罚；与环境监管机构谈判时的影响力

在正常的 LCC 计算中，第一类和第二类成本可用来识别出成本最低的方案。除了通货膨胀外，第三类和第四类成本需要以其他方式考虑。在总投资分析中最好以设定风险等级的

方式考虑这些，用以修正补充投资决策。某一项债务或者未来事件的风险等级可以依据概率确定；反之，可以依据置信区间加以限制。

以一个公司为例，这个公司负责管理运营很多地下储罐(Underground Storage Tank, UST)，储存的是受管控的危险品。回顾该公司的历史记录以及行业动态发现，巨额成本与治理受污染的地下水、因 UST 泄漏引起的外界财产损坏的法律债务以及诉讼有关。如果大量的储罐仍旧是单层壁容器，或者不配备先进的泄漏监测和阴极保护技术、满溢控制功能，或者仍旧使用老旧的分配运输管线，那么这个公司很有可能会碰到第三类和第四类成本中的很多成本。该公司可以将这个可能量化为具体的数值（例如，公司中某一个操作过程或者设备遭受第三类或第四类成本和债务的可能性为 75%），进一步通过设定确信等级限制这种可能性（如 5年之后，会产生债务和成本的 UST 泄漏发生的确信度为 65%）。确定置信区间的依据是主观标准。这一案例中的主观标准包括：

（1）工业数据显示 90% 埋藏在地下超过 15 年的单层壁的不锈钢容器会泄漏。

（2）过去 5 年，该公司已经发生几起修复成本超过百万美元的 UST 泄漏事件。

（3）所储存的化学品与其存货清单不一致。

（4）设备靠近人口高密度区所带来的高风险。

将主观风险评估补充到 LCC 计算中，公司就可以对自身业务的金融风险进行排序，然后制订策略和投资计划，减少因操作导致的环保事故。在 UST 例子中，不同的应对策略可能包括：

（1）对超过 10 年的部分储罐投资阴极保护技术。

（2）实施自动化库存计量，并将数据连入控制终端，作为泄漏的预警系统。

（3）在后续几年里将所有 UST 的配置实现现代化。

公司可以通过研究集成系统进一步展开分析，在同时实施几个措施抑或一段时间内分阶段进行的选择上提供指导。这些所依据的是生命成本计划（Life-Cost Planning，LCP）技术，有助于管理部门制定长期业务发展规划。

LCP 关注在项目设计和购买阶段时，不同方案的评估和比较。它一般并不直接考虑利益或收入，而是假定与其他比较方案是相同的（利益和收入在方案评估的时候考虑）。LCP以及如何将其有效地应用于污染防治（Pollution Prevention，P2）投资中是一个很大的题目，可以单独成为一本著作。此处只介绍在 LCP 分析中会用到的一些基本概念就足够了。

生命周期成本工具分为标准 LCC 计算和经济效益的补充指标两大类。在进行分析时，需要考虑资金时值（Time Value of Money，TVM）的问题。也就是说，现在手中的钱可以投资到别处（有正利率的地方），在未来这些钱以及所累积的利息比现在的多。同样的，在未来收入或花费的钱，比现在收入或花费的相同数额的钱的价值低一些。

计划的类型决定了分析的节奏。任何投资计划的成本都包括初期投资成本、操作和维护成本、能源和水的成本、剩余价值和融资成本。

LCCA 是一个对项目评估的经济学方法，考虑投资产生、运行、维持、处置整个过程中产生的所有成本，而这些与最终决策都是有密切关系的。这个工具尤其适用于为满足特定性能水平而进行的各种设计方案的评估，而这些设计方案可能有不同的投资、操作、维护或维修成本，甚至可能有不同的使用期限。LCCA 工具可以应用于任何资本投资决策，特别是以高的初期投资换取未来成本降低的情况。就这一点而论，LCCA 最相关的投资评估是用中高成本消除或减少与现有环境管理实践相关的未来债务的类型。

LCCA 可以用于比较现有设备采用不同的污染防治措施，在经过相同时间段后所带来的成本的不同。进行一个可行性研究的所有成本（包括与中试相关的技术评估、装置建造、污染防治投资的筹措）都包含在 LCCA 中，除此之外，还考虑了因已实施的无成本或低成本污染防治措施而获得的抵消成本。

单一的污染防治方案可以综合考虑，以达到节省原材料、降低成本、提高效率和环境效益的目的。很多节约能源、提高环境效益、减少温室气体排放、提高生产率、节约原材料和水、提高产品质量的不同的污染防治方案也可以综合在一起，只要整个项目在生命周期内是划算的就可以。该组合中的所有部分必须是相互补充的：它们都是整个项目的组成部分，并不存在特别不划算的某个污染防治方案。

为了使污染防治方案更具实用性，就必须比现状更有经济上的优势。有些情况下，污染控制技术（末端治理）是最简单、最划算的对策，尤其当公司预测到出现长期债务的可能性很小，或者出现第三类或第四类成本的概率很小时。

二、如何进行LCC计算

LCC 将整个生命周期内所有可能的成本都包括在内，这使得在所关注的时间内进行的评估都在同一个基础上。这一般使用折现成本完成。这种方法是基于所有成本的影响，做出采取或者放弃决定的。

在 LCCA 估算中，需要将资产分解为独立的成本要素。将成本要素分解到什么程度取决于 LCC 分析的目的和范围，但是基本上需要识别出以下 3 类要素：

（1）主要成本产生的活动的构成。

（2）工作或活动进行中生命周期的节点。

（3）相关能源成本类别（如劳动力、原材料、日常开支、运输等）。

LCC 中各成本要素可以被进一步分为经常性的成本和一次性的成本，也可以分为固定成本和变化成本。

在接下来的讨论中，会列出用于进行 LCC 计算以及补充经济指标的公式和方法。复杂的系统，尤其需要使用综合系统方法的，最好使用 LCCA 模型进行。

1.折现和通货膨胀

在对多个项目进行 LCC 分析和选择时，使用相同的折现率和通货膨胀处理非常重要。在不同时间点产生的与项目有关的成本必须首先折算为起始日期的现值，才可以用在项目的 LCC 评估中。将未来现金流折算为现值的折现率是以 TVM 来计算的。折现率以具有相同风险和期限的投资的最低可接受回报率（Minimum Acceptable Rate of Return，MARR）为基础。MARR 多少受主观影响，它取决于公司或者管理者的保守程度或风险规避程度。

2.利息、折现和现值

当面临几个 P2 投资方案的选择时，董事会应该关注现金流或由各投资项目产生存款的时间性。一般来说,早一些收入或者节省一美元比晚一些更好。这有两个原因:第一,因为通货膨胀,美元的购买能力随着时间推移会逐渐降低;第二,更早地获得现金额,可以更早地进行再投资,获得额外的回报(这也是为什么由无成本或低成本 P2 方案带来的早期存款非常重要的另一个原因)。

当以特定利率投资一定现金额时,这些现金额在任何时间点的未来价值都可以使用复利计算出来。假设最初投入的总数为 P_0 美元,以 i 利率投资了 t 年,每年复利。第一年,收益应该为 iP_0,加上本金 P_0,总收入为:

$$P_1 = P_0 + iP_0 = P_0\,(1+i) \tag{1-1}$$

t 年后复利总值应该是:

$$P_t = P_0\,(1+i)^t \tag{1-2}$$

折现率本质上是一种特殊的利率,它使得投资者意识不到不同时间收到的现金额的区别。投资者宁愿早点收入一定现金额,而不是晚点收入另一笔现金额。

涉及折现的计算与涉及复利的计算相同。折现率 d 与利率 i 的使用相同,用于确定在未来某个时间点收入或花费的现金额的现值(Present Value,PV)。在 t 年底收入的一笔现金额 F_t 的现值的计算公式如下:

$$PV = F_t /\,(1+d)^t \tag{1-3}$$

需要注意的是,在投资生命周期内不同时间点所发生的成本并不能直接在 LCC 计算中使用,因为对于投资者来说,不同时间点所花费的现金的价值是不一样的。这些成本必须首先被折现为现值。只有使用这样的成本才可以获得有意义的 LCC 分析结果,才可以与其他 P2 投资或者现状的 LCC 分析相比较。

3.通货膨胀的重要性

随着时间的推移,通货膨胀使美元的购买力逐渐降低(相反,通货紧缩使其提高)。在未来某一年发生的以实际价格表述的现金额称为现值美元。

现值美元具有的是当年的购买能力,包括了通货膨胀的因素。也就是说,它反映了美元一年又一年购买能力的变化。相比较而言,定值美元具有相同的购买能力,不考虑通货膨胀的因素。定值美元反映的是在整体价格水平不变的情况下(没有一般通货膨胀或通货紧缩)相同商品或服务在不同时间的成本。也就是说,美元的购买能力没有变化。

将未来的现金流折算为现值,并不同于按照一般通货膨胀调整未来成本。即使以定值美元表示的成本,也必须考虑资金时值进一步折算,而这通常比通货膨胀的影响还大。定值美元的折现率不同于现值美元的折现率。定值美元应该使用实际折现率(不含一般通货膨胀),现值美元应该使用名义折现率(包含一般通货膨胀)。

4.成本类别

在 LCCA 分析中成本构成的分类方式有很多。最重要的区分方式有:投资相关的成本和操作成本;初期成本和未来成本;一次性成本和每年重复性成本。

P2 的 LCC 分析包括投资成本和操作成本。在计算经济指标,如储蓄投资比(Saving-to-

Investment Ratio，SIR）和修正内部回报率（Adjusted Internal Rate of Return，AIRR）时，将两者区分开是非常有用的。这些经济指标评估的是操作相关的成本，一般来说，对第一类和第二类成本是非常关键的。SIR 和 AIRR 就是评估操作相关成本的储蓄，而不是投资成本。这个区别并不会影响 LCC 计算本身，也不会使投资选择从划算的变成不划算的；反之亦然。但是在分配有限的投资预算时，有可能会改变与其他项目的排序。

当公司考虑这些要素时，需要考虑所有购置成本，这与规划、设计、购买这些投资成本有关。另外，在投资计算时还需要考虑剩余价值（出售、转换或处置时的残值）和资金替换成本。资金替换成本在替换主要系统或部件时会发生（如废水处理厂对曝气池进行的大升级），必须由资本金支付。操作、维护和修理（Operating，Maintenance and Repair，OM&R）成本需要包含能源和工艺用水成本。这些都是运营成本。与维护和修理相关的替换成本也认为是OM&R 成本，而不是资金替换成本。OM&R 成本最好由每年的操作预算支付，而不是资本金。

在计算回报时，最好区分初期投资成本和未来成本。P2 投资中规划、设计、建设或采购阶段所产生的成本可以归为初期投资成本。这些成本发生在体系或设备投入使用之前。由操作、维护、维修、更换以及操作周期内设备或体系使用所产生的成本是未来成本。体系生命周期结束时或评估期结束时的剩余价值，也是未来成本。

接下来是一次性成本和每年重复性成本。这两种成本的区别决定了将未来现金流折算成现值的最适合的现值因素的类型。一次性成本是只产生一次的成本。它们在评估期（投资生命周期）内只产生一次或者以大于一年的时间间隔产生多次。一次性成本的例子如长期投资成本，或间隔时间超过一年的更换成本。维修成本也可以归为一次性成本。LCC 中所使用的折算公式见表 1-2。表 1-2 中也包含可以用来计算折现系数的子公式。所计算出的折现系数乘以金额就得到现值。利用单一现值（Single Present Value，SPV）系数，可以折现一次得到现值。

表1-2　现值公式以及LCCA中使用折现系数的子公式

公式应用	公式	利用折现系数的子公式
一次性成本的PV公式：SPV系数被用来计算在未来t年底一笔数量为F_t、折现率为d的现值PV	$PV = F_t \times 1/(1+d)^t$	$PV = F_t \times SPV_{(t,d)}$ 备注：SPV系数采用标准折现表中数值。例如，$d=3\%$，$t=15$年，则SPV系数=0.642
每年重复性固定成本的PV公式：UPV系数被用来计算在n年内每年重复发生的相同数额A_0、折现率为d的现值PV	$PV = A_0 \times \Sigma 1/(1+d)^t$ $= A_0 \times \{[(1+d)^n-1]/[d(1+d)^n]\}$	$PV = A_0 \times UPV_{(n,d)}$ 备注：UPV系数采用标准折现表中数值。例如，$d=3\%$，$n=15$年，则UPV系数=11.94
每年重复性非固定成本的PV公式：UPV*系数被用来计算在n年内每年以一定变化速率e〔例如，$A_{t+1}=A_t \times (1+e)$〕发生的成本、折现率为d的现值PV。需要注意的是，变化速率可以是正的，也可以是负的	$PV = A_0 \times \Sigma[(1+e)/(1+d)]^t$ $= A_0 [(1+e)/(d-e)] \{1-[(1+e)/(1+d)]^n\}$	$PV = A_0 \times UPV^*_{(n,d,e)}$ 备注：UPV*系数采用标准折现表中数值。例如，$e=2\%$，$n=15$年，则UPV*系数=13.89

每年重复性成本的定义是在投资生命周期内每年定期产生的大概相同数额的成本或者以已知速率变化的可预期数额的成本。归为这一类的成本类型有能源、水以及日常年度维护

成本。表 1-2 中每年重复性成本的子公式中所使用的合适的现值系数是统一现值（Uniform Present Value，UPV）系数或者经价格升级修正之后的统一现值系数（UPV*）。如果每年数额预计以已知的速率变化，现值系数就应该使用 UPV*。

5.时间注意事项以及现金流图表

LCCA 中项目相关成本不仅要考虑金额，还要考虑发生时间。这会使 LCC 分析变复杂，因此实际操作中更普遍的做法是使用简化的或者近似的模型，而不使用所有成本发生的准确时间。例如，在一年内不同时间点产生的所有成本可能被认为都发生在该年的同一时间。

LCC 分析中处理时间问题的另一个有用的方法是生成一个现金流图表。P2 投资中的现金流图表是以图表的形式表示所有相关的成本以及相应的时间。水平时间轴表示评估期，标出每一年以及关键日期（例如，开始日期、日常维护日期、预计更换成本日期、结束日期）。年可以日历年表示，也可以运行年表示。现金流图表并没有标准的格式，但是通常的做法是在时间轴上面表示正成本，在时间轴下面表示负成本（如剩余价值）。

6.如何处理收益

LCCA 最适合用于评估可以满足一定要求的（具体环境效益指标）不同设计方案或 P2 投资方案的相对成本。LCCA 通常并不适用于评估产生效益的项目的成本。例如，LCCA 并不适合进行建造目的就是租赁收入的不同建筑方案的评估。这类产生收益的方案的潜在的吸引力最好使用收益成本分析（Benefit-Cost Analysis，BCA）和投资回报（Return-on-Investment，ROI）指标进行评估，这些可以补充在 LCC 分析中。这并不是固定的规则。如果两个设计方案在收益上差别很小，也可以将它们包含在 LCCA 中，即在每年操作相关成本中增加（负的情况下）或减去（正的情况下）相应数额。

7.LCC计算方法

LCCA 中需要输入的信息包括两个或更多竞争方案每年的成本预算、折现率和评估时间。要计算出 LCC，必须首先将在评估期内产生的每一笔成本的现值使用适当的选定的折现率计算出来。每一种方案的现值求和，得到相应的 LCC。如果所考虑的各方案的其他效益特点类似，LCC 最低的方案就是最划算的 P2 投资选择。

单一系统的 LCC 计算可以手动完成，更多复杂系统或集成系统则可以借助于计算模型。LCC 现值分析的通用公式如下：

$$LCC = \sum_{t=0}^{N} C_t / (1+d)^t \tag{1-4}$$

式中　LCC——给定方案的 LCC 现值美元总额；

　　　C_t——在第 t 年发生的所有相关成本总和，包括初期成本和未来成本，减去正的现金流；

　　　N——反映投资生命周期的总年数；

　　　d——将现金流折算成现值的折现率。

式（1-4）需要识别出所有成本的发生时间以及数额。尽管这个公式看上去很简单，但实际的计算量是很大的，尤其当投资的预期生命长达很多年时，每年重复性成本的数额还需要考虑价格变化而首先计算出来。

LCC 方法提供了在一定评估期内计算与多种可能的 P2 投资相关的所有成本的统一手段。

LCCA 可以表示为与现状相比较，某一个投资方案的额外成本多于操作和维护成本（包含能源和水）减少所抵消的部分。LCCA 可以对 P2 和污染控制技术的第一类和第二类成本直接进行比较，但是若适当地考虑第三类和第四类成本，则通常需要额外的分析。这些额外的分析被称为补充指标，接下来会详细讨论。

当利用 LCC 方法评估可能的 P2 投资时，公司应该：

（1）在最低 LCC 的基础上，尽量从两个或多个相互独立的方案中选择。

（2）使所有方案的设计满足给定的最低效益要求。

（3）评估所有方案时使用相同的初始日期、维修日期、评估期和折现率。

（4）从成本中减去正的现金流（如果有的话）。

（5）确保所有 P2 投资的影响因素都以货币形式考虑在内，除非对所有投资选择来说都是不重要的或者是相同的。

8.经济效益的补充指标

最常用于补充 LCCA 的经济指标有净储蓄（Net Savings，NS）、储蓄投资比（Saving-to-Investment Ratio，SIR）、修正内部回报率（Adjusted Internal Rate of Return，AIRR）、折现回报（Discounted Payback，DPB）和单纯回报（Simple Payback，SPB）。

每一个补充指标都与经济效益相关，最适合用于计算一个可能的投资与现状的比较。对于 P2 投资的评估，现状多是一种污染控制技术。相比较于所考虑的其他方案，污染控制技术多需要较低的投资成本（因为已经存在了）和较高的操作成本。对 P2 投资选择进行 LCCA 的主要目的是证明所节省的操作成本足够抵消所增加的投资成本。

关于经济效益的净收益（Net Benefits，NB）指标是在投资有效期内其现值收益和现值成本的差值。NB 指标在正现金流的目的是抵消投资的情况下使用。一个与 P2 相关的这种类型的投资例子，如由城市废水污泥生产有助于改善土壤条件和农业市场有机污泥的技术。

净储蓄指标是净收益指标的一种变化。净储蓄指标多用于收益主要来自未来操作成本降低的情况，如能源或水或化学原料成本的降低。净储蓄指标计算的是 P2 投资在其有效期内所节省的净值，以现值美元表示。因为计算采用的是现值形式，所以所计算出的储蓄额大于以最低可以接受的回报率（折现率）投资相同钱数所挣得的数额。相比较于现状，一个 P2 投资的净储蓄指标由现状及基础方案（Base Case，BC）的 LCC，减去 P2 投资的 LCC，如下所示：

$$NS = LCC_{BC} - LCC_{P2} \qquad (1\text{-}5)$$

只要 NS>0，相对于现状来说，投资就认为是划算的。因此，一个在经济上有吸引力的 P2 投资就需要其 LCC 低于现状的 LCC。对于多个相互竞争的 P2 投资方案，净储蓄指标最高的方案同时也是 LCC 最低的方案。因此，LCC 指标和净储蓄指标是一致的，两者的分析可以互换。在评估多个方案时，相比较于净储蓄指标，LCC 的一个优点是它不需要直接将"现状"带入计算中。

净储蓄指标也可以由每一种成本在现状下与 P2 方案下的差别计算出来。也就是说，初期投资成本之间、能源成本之间、OM&R 成本之间以及其他成本之间的差别可以作为 NS 计算的基础。尽管这比前面所述的简化方法需要更大的计算量，我们仍推荐后一种方法，因为每一种类型的成本在计算中都可以跟踪到。另外，在计算 SIR 和 AIRR 时也需要相同的过程。这些经济效益指标与 NS 指标一起被计算出来，用于更彻底地评估 P2 投资方案。

基于单独成本的差别，计算 NS 的公式如下：

$$NS_{A:BC} = \sum_{t=0}^{N} S_t / (1+d)^t - \sum_{t=0}^{N} \Delta I_t / (1+d)^t \qquad (1-6)$$

式中　$NS_{A:BC}$——相比较于基础方案 BC，A 方案的 NS，以现值美元表示；

S_t——在第 t 年与 P2 方案相关的操作成本的节省；

ΔI_t——在第 t 年与 P2 方案相关的投资成本的增加；

t——成本发生所在的年数，第 t 年（整数，以 0 为基础，1，2，3…）；

d——折现率；

N——评估期内总年数。

SIR 将由 P2 投资所带来的成本节约与投资成本增量（现值）之间的关系表示为一个比值。SIR 是在绿色利益中或其他地方所描述的收益成本比（Benefit-Cost Ratio，BCR）的另外一种表述形式。实际上，我们建议两个都计算。在收益主要来自于操作相关成本的降低时，使用 SIR 和 BCR。两者都是一个相对的效益指标，都是基于现状，或者一个投资方案，即"基础方案"才可以计算出来。基础方案和 P2 投资方案必须使用相同的基准日期、评估期以及折现率。如果 SIR 大于 1.0，则认为 P2 投资方案相对于现状来说在经济上是划算的。也就是说，因 P2 投资产生的成本节约大于投资成本增量，即净储蓄大于零。SIR 只在对不同投资方案进行排序时有用。SIR 不可以作为在不同投资方案中进行选择的依据，但是指导有限投资资金的分配是非常适合的。

计算 SIR 的通用公式如下：

$$SIR_{A:BC} = \frac{\sum_{t=0}^{N} S_t / (1+d)^t}{\sum_{t=0}^{N} \Delta I_t / (1+d)^t} \qquad (1-7)$$

其中，$SIR_{A:BC}$ 是相比较于基础方案，P2 投资的成本现值节约量与投资成本现值增量的比值，其他参数含义如前所述。

计算 AIRR 时首先需要计算出投资的 SIR（相对于基础方案），公式如下：

$$AIRR = (1+r) \, SIR^{N-1} \qquad (1-8)$$

式中　r——投资率（以百分比形式表述）。

AIRR 是一个表述投资的每年回报率的经济指标。当 AIRR 大于适当的折现率时，这个投资方案相比较于基础方案是划算的。在计算相比较于基础方案（现状或另一个投资方案）的一个 P2 投资方案的 AIRR 时，必须使用相同的评估期和折现率。与 SIR 一样，AIRR 可以用来评估一个单独的 P2 投资（相对于基础方案），也可以在需要分配有限预算时对不同投资方案进行排序。以美元衡量的影响并不包括在分析中，必须以其他方式考虑。

关于经济效益的最常用的补充指标就是回报。回报有两种计算方法，都需要注意时间要覆盖最初投资成本发生时间。

折现回报的计算需要将每年发生的现金流在合计为储蓄或成本之前都折算为现值。如果 DPB 小于投资期限，投资就是划算的。这与 P2 投资的 LCC 需要低于基础方案的 LCC 是一致的。另一个更常使用的回报标准(如发生回报的年数)是选择一个比投资周期短很多的时间。这样计算的一个缺点是回报年数过去之后，仍然会产生资本替换成本或者增加 OM&R 成本，而这些会抵消投资成本的高效益。

简单回报在计算中并不需要折现的现金流。SPB 忽略回报期内价格的变化，如能源、水以及劳动力价格。同 DPB 一样，对一个投资方案可以接受的 SPB 是设定一个比投资周期短很多的任意时间期限。因为不折现的现金流一般大于折现的现金流（预计折现率为正），基于 SPB 的计算一般会得到更短的回报年数。

回报计算的通用公式如下：

$$\sum \left[(S_t - \Delta I_t) / (I + d)^t \right] \geqslant \Delta I_0 \tag{1-9}$$

式中　t——未来累计净现金流可以抵消初期投资成本的最短时间，a；

　　　S_t——某一个投资方案第 t 年操作成本的节省；

　　　ΔI_0——初期投资成本；

　　　ΔI_t——除去初期投资成本，第 t 年投资相关成本的增加；

　　　d——折现率。

DPB 和 SPB 的计算，更推荐前者。但是，两者都不考虑回报期之后发生的所有成本、储蓄和剩余价值。回报计算只能作为筛选可能的 P2 投资的基础。这个计算的价值在于可以帮助识别出在时间、精力、财力都无法保证的情况下就表现出明显经济性的 P2 投资方案。如果投资的有效期不确定，则 DPB 方法可以用于确定一个可接受的比较低的期限。最后需要注意的是，回报计算并不是一个从很多 P2 投资方案中进行选择的依据，只有 LCC 和 NS 方法可以用于这个目的。另外，回报计算也不能为了分配资金而对可能的投资方案进行排序。

第三节　仅满足最低要求的债务

一、概念的引入

尽管也有例外，但是公司普遍不重视甚至忽视可能引起未来债务的无形成本，因为仅满足目前最低要求带给了他们错误的安全感。当公司仅从满足要求的角度考虑运营，就会只关注现行规定，而不具有若干年以后规定会变得更严格而且会对业务产生影响的远见。尽管没有人可以预见未来政策的变化方向，但是从历史来看，在全球范围内而且很长时间内，对所有污染物形式的规定都是趋于严格的。显然，公司的经营活动有引发金融债务的风险，而这些风险在未来某个时间点可能导致金融债务，企业应该评估其可能的债务，或者确定一个可承受的区间。

未来债务有可能相当大，特别是财力雄厚的大公司更受媒体关注，因此尤其容易被伤害。对过去环境危害所进行的大型修复行为有可能带来无形成本类别中的负面影响，如负面的公众形象以及投资者信心的丧失。

尽管非常机敏的经营决策制定者意识到了这个风险，对于不重视未来债务和无形成本，仍有各种各样的原因和借口：

（1）我们并没有可以预测未来的水晶球，不能准确预测未来规定如何变化，或者是否会变得更严格。

（2）对于我们所产生的化学废料，目前在官方指南中并没有明确是不安全的。因此，我们不认为增加隔离、稳定、现场处理、场外处置至安全位置的成本是必需的。

（3）我们满足管理规定。我们所做的每一件事情都在经营活动所在国家的允许范围之内。因为遵循法律，所以我们没有造成危害。

（4）我们可以向国家环境监管部门证明，现在的废物管理行为是足够的，因此他们颁发给我们许可证。现在和未来我们都不需要担心什么。

（5）我们不需要担心未来债务，因为已经与其他公司签订合同，负责处理我们的废物。而且我们还签署了一个协议，由该公司承担与废物相关的所有债务。

从表面上来看，这些表述没有什么不对。但是，接下来的案例分析揭示了几个知名大公司在环境管理实践中的致命弱点。这些弱点导致了数千万美元的律师费和数亿美元的伤害赔偿。这些案例分析来自于过去 10 年里我作为专家证人所参加的诉讼案件。因为在这些诉讼中已经提供了证据，是公众所了解的事件，公众可以获得这些证据资料，所以此处并没有引用对相关公司代表的采访和评论。事实上，鉴于涉及很大群体的毒物侵害诉讼的严重性，如果有公司愿意公开讨论此事也是非常不可思议的。对不熟悉这些术语的读者解释一下，毒物侵害诉讼指的是因有毒物质（如石棉或有毒废物）的泄漏而引起人身伤害的诉讼。受害者可以要求医药费、误工费、人身伤害费和精神损害费。

因为不同的专家发表意见，批判每个被告在不同时间段的不负责任的行为，接下来讨论的目的并不是评论这些公司的行为是否是不负责任的或者是否是无辜的，而是从这些例子中获得识别和考虑生产行为中风险的必要性，给公司带来的未来可能的影响，以及积极主动地进行环境管理的必要性。

二、案例分析1——红地对洛克希德马丁

"我们并没有可以预测未来的水晶球，不能准确预测未来规定如何变化，或者是否会变得更严格。"

"对于我们所产生的化学废料目前在官方指南中并没有明确是不安全的。所以我们不认为增加隔离、稳定、现场处理、场外处置至安全位置的成本是必需的。"

洛克希德马丁是一个为美国国防部生产火箭推进器的大承包商，他的工厂位于加利福尼亚的红地。在 1954—1976 年，它为很多种武器和卫星系统制造了火箭发动机，从空对地导弹、反坦克导弹到太空探险车辆。

洛克希德马丁使用一种干推进剂技术，它由在很宽范围内的橡胶基体和混合火箭燃料构

成。所使用的主要成分是高氯酸铵（简称 AP，大约 65%，甚至更多的火箭燃料混合物由高氯酸铵构成）。

洛克希德马丁曾经是很大的工厂，员工总数超过 1000。因为他是政府承包商，所以对产品的要求标准非常高，需要低容忍和高性能。为了满足产品性能规格，多年以来进行了大量引导测试。引导测试包括改进火箭推进剂配方的实验，目的是进行完整性和失效率分析。这就包括对产品进行火灾测试。

为了省钱，金属发动机外壳在火灾测试后会被回收和循环利用。火灾测试的残留物变成固体废物的一部分从工厂流出。

火箭发动机由金属壳组成，高氯酸铵—橡胶基体在里面进行熟化。推进剂的生产方法有很多种，从传统的利用磨粉机或大容量混合器的混合操作，到利用挤压机将推进剂喷射成型。

外壳的各金属部件采用金属—金属密封。所有金属部件在密封成型之前都需要仔细清洗。金属部件的清洗采用蒸气脱脂剂，使用的是三氯乙烯（简称 TCE）。TCE 是一个氯代烃，为可能的致癌物。TCE 在其他地方使用非常广泛，如工具和设备清洗(混合器、搅拌器、挤压机)。

因为在运营期间《资源保护和恢复法案》（RCRA）还没有实行，工厂大量生产推进剂是符合要求的。残留物在现场每天焚烧好多次，每周焚烧 5 ～ 7 天，所产生的固体废物多达百万磅 ❶。

洛克希德马丁利用简单消极的办法处理现场产生的废物，包括以混凝土衬砌的蒸发池和地面储存，也在裸露的土地上露天焚烧废物。废物大部分是在混合器清洗和发动机外壳的火灾测试中使用过的 AP。

洛克希德马丁在工厂内焚烧了数百万吨 AP 废物。另外，它还存在其他可怕的问题，从员工们任意丢弃的用过的溶剂（尤其是 TCE）到建筑物地板和工艺设备的清洗用水，所有废液都流入了凹点、集水坑或下水道。同时，洛克希德马丁使用很多蒸发池和地面存放大量废物，证据显示在超额生产期间这些凹点时常有废液溢出。

在 20 世纪 90 年代中后期，在地下水中检测出了 AP 和 TCE。而且超过 1000 人的饮用水受到污染。这导致了对洛克希德马丁造成健康危害的集体诉讼。

洛克希德马丁申辩认为，在工厂的历史运营阶段，AP 或 TCE 或设备使用的其他化学品都没有被归为有害废弃物。公司进一步申辩，认为公司当时所遵照的废物管理办法，同当时其他工业所遵照的并没有不同。尽管从今天的角度来看，是非法的和完全不可接受的。他们还争论说，即使对 AP 进行健康风险评估，其危害也是很小的，地下水和饮用水的最大允许限度直到 1990 年也并没有成为法律标准。

尽管所有这些都是事实，但洛克希德马丁仍然有对此事负责的义务。虽然从管理角度来说，洛克希德马丁并没有保护地下水的责任，但是工厂却在一个早在 1920 年就确定为饮用水源的流域运营。洛克希德马丁在 1954 年选定这样一个初始运营地点是不负责任的。

工厂的位置以及操作性质决定了对废物管理必须采用最先进的技术。其他行业或公司不负责任的做法，并不能成为这种行为的借口。洛克希德马丁应该配备污水处理技术用于处理含 AP 和 TCE 的废液，但是它却选择了当时成本最低的技术。直到 20 世纪 50 年代末，地下

---

❶1 磅（lb）= 0.454kg。

水产生和流动的概念才发展起来并被公众所理解。事实上，直到 20 世纪 60 年代，才急切地意识到推动国会颁布更严格的环保法规。洛克希德马丁申辩说，在运营时期并没有关于 AP 的太多毒物学数据，不可能让一个火箭专家计算出将火箭燃料排入饮用水层是不可以的。暂且将这一滑稽的评论放置一边，当时已经有很多关于 TCE 和其他 200 多种化学品的毒性资料。

当时并不缺乏废水的处理技术，在 20 世纪 60 年代末期，有些公司使用在线焚化技术处理固体废物，有些公司循环利用或采取节能减排措施。在对将近 25 年设备操作记录的查验来看，洛克希德马丁并没有采用这样的技术。

在我看来，洛克希德马丁在保护公众免受毒物侵害上的做法是不负责任的，不论这是否为整个行业的无形的惯例。红地是一个特殊的地点，因为这是美国唯一一个在饮用水源上有这么大的化学品制造业的地方。

早在 20 世纪 20 年代，就有工程著作中指出，厂址选择的标准之一就是保护水道和地下水。在美国，毒物学作为一门科学开始于 20 世纪 30 年代，到 50 年代时，化学品供应商普遍都可以提供相关资料，这也是现代化学品安全技术说明书（Material Safety Data Sheet，MSDS）的雏形。这也就意味着洛克希德马丁有这些有毒有害化学品的技术资料。进一步说，洛克希德具有基本的认识，即如果包含这些化学品的废物到达地下水层，会产生污染问题。

从几十年前开始，洛克希德马丁就一直被卷在这一起重大的毒物侵害诉讼中。像当时的其他很多公司一样，洛克希德马丁缺乏远见，并没有预见到昂贵的诉讼费以及所面临的巨额赔偿，但是当时他应该意识到，自己的经营活动会给公众带来潜在风险。

这教给我们很重要的一点，就是尽管在红地当时还没有 EMS 的概念，却有对公众和环境负责的概念。当时的社会期望是公司负责任地经营，可以采取预防措施使公众免受危险化学品侵害，这本身就是洛克希德马丁和其他公司在当时应该遵循的标准。另外，贸易组织和行业协会，如美国石油协会（American Petroleum Institute，API）和制造化学师协会（Manufacturing Chemists Association，MCA）发布了关于废物处置技术和最佳管理办法的指南。考虑到工厂位置以及操作性质，洛克希德马丁应该采用当时最先进的技术。它应该超越其他行业和公司所遵循的一般标准，而做得更好。

有些读者可能会怀疑和争论，认为红地是一个不好的例子，因为美国公司现在已经不这么做了。在现代环境下，怀疑的读者可能认为现在已经不存在这么落后的管理，企业都已经致力于消除明显的废物问题。他们会进一步争论说，现在各企业都制订了类似废物最少化的方案，所以这类由废物管理不当而引起的健康风险和侵害再也不会发生了。对于这些读者，请继续往下看。

三、案例分析2——枕木工厂诉讼

"我们满足管理规定。我们所做的每一件事情都在经营活动所在国家的允许范围之内。因为遵循法律，所以我们没有造成危害。"

"我们可以向国家环境监管部门证明，现在的废物管理行为是足够的，所以他们颁发给我们许可证。现在和未来我们都不需要担心什么。"

枕木工厂的木材处理设备位于密西西比州的格瑞那达，为 Koppers/Beazer 公司所有。该设备自 1904 年以来几乎连续运转。过去以及将来一直使用的化学品处理剂是溶解于石油中的木馏油以及溶解于烃油中的五氯苯酚。该公司卷入了一场由附近居住社区发起的数额高达数百万美元的毒物侵害诉讼。

从运转初期开始，枕木工厂的操作单元包括圆柱形处理曲颈瓶、储存水槽和工作水槽，加热单元包括锅炉、冷却塔和冷凝器，其他还包括废液坑、枕木储存场、废液排放沟、废液和污泥坑、木工废弃物和其他固体废弃物处理场。这些操作装置连续不断地产生大量的废液。直到 20 世纪 80 年代末，这些装置都没有配备可以减少污染物排放的污染控制设备。

枕木工厂的木材处理操作产生大量的化学品废液。这些废液的物理表现形式为溶解和悬浮化学成分的废水，包含溶解化学成分的气溶胶、化学品废液挥发产生的蒸气，尤其是使用过的自由相的化学品处理剂，以及污泥中包含的有害的固体废物。

在长达 70 年的时间里，废物处理的常规做法是毫无控制地通过排水沟排入地表水、现场表面土壤、无衬里的蓄水池以及当地环境中。这些排放物不加控制地从上到下以一定梯度汇入地表水径流和地下水径流。据公司记载显示，在 1969 年工厂总流出物为 50000gal❶ /d。有文件记录，工厂总流出物为 180×10^4 gal/mon（2100×10^4 gal/a）。被告公司任由如此大量的有毒废水从容量有限的蓄水池溢出，进入连接地表水源的排水道，以及附近居民区所在的工厂外地区。枕木工厂的所有者和经营者，与共同被告伊利诺伊州中央铁路公司（Illinois Central Railroad，ICR）一起，被卷入了一场数额庞大的毒物侵害诉讼。ICR 的情况会在案例分析 3 中解释。

这一复杂的诉讼通过识别历史操作的不同时期多少可以简化一些：严格的环保法规出现之前的产生废物的操作和管理，以及环保法规实施之后。下面的分析都是基于后一个时期。

尽管由木馏油、五氯苯酚和二噁英产生的现场污染物严重超标，这些设备仍旧在运行。限于篇幅，此处并不讨论在 171acre❷ 面积上所有设备的所有环境问题，仅讨论消耗木材的锅炉。

大约在 1979 年，枕木工厂安装了一台消耗木材的锅炉，燃烧的是未经处理的木材。像大多数木材处理设备一样，所产生的大量木屑可以被转化成蒸汽和能量，用以驱动气缸。枕木工厂也会产生大量的如废水、污泥、木屑等形式的有毒废物。由于化学品处理剂的滴落和溢出，日积月累也会使大量土壤受污染。这些废物的处理是非常昂贵且持续不断的，尤其是如果运输到工厂外安全地区交给有废物处理资质的公司处理。

1.第一件荒唐事

公司提出了两个看上去明智且有利可图的方案，这两个方案在初期均得到了密西西比州环境质量部门（Mississippi Department of Environmental Quality，MDEQ）的批准。第一个方案是在锅炉中燃烧有毒污泥。大约在 1984 年进行了有限的小试试验，试验表明燃烧过程产生的二噁英的去除率（Destructive Removal Efficiency，DRE）为 99.99%。因为排放试验表明并没有产生大量的二噁英排放，试验非常简单，而且部分基于在另外一台相似但并不完全相同的锅炉上进行的试验。加上其他一些证据，公司基于以下几点向 MDEQ 申请许可证：

❶1gal（美）= 3.785dm³。
❷1acre = 4046.86m²。

（1）工厂产生的废物并不是受管制的有毒废物。这是密西西比州对 RCRA 中关于废物定义的解释问题。这种解释的后果就是提议的做法不应该受到管制。

（2）所提出的方案看上去是废物循环利用的形式，所有者 / 经营者宣称工厂有效地将废物转变成了能量，因此实施的是绿色科技，或者清洁生产方案。

这些证据以及有限的燃烧试验形成了申请许可证的基础，允许在消耗木材锅炉现场燃烧有毒污泥。许可证限定废物添加至 5%，即废物在总燃料中的比例不能超过 5%，而且燃烧炉温度必须维持在 1800°F❶，以保证二噁英、呋喃以及稠环芳烃（Polycyclic Aromatic Hydrocarbons，PAHs）具有高的 DRE。众所周知，这些是被木馏油和五氯苯酚污染的废物燃烧所产生的。这一许可证并没有要求对锅炉进行实质性的改造，仅采用的空气污染控制设备是一个旋风分离器，其微粒的去除率为 85% ~ 90%。

Koppers/Beazer 公司申辩认为他拥有许可证，是在密西西比州的法律允许范围内经营。从表面上来看，公司采用了一个合法的方案，可以被称为清洁生产，使得废物可以被转化为有用的形式，即现场可以消费掉的能量，这个方案具有经济效益和环境效益。经济效益来自于锅炉燃烧操作中减少了对燃料油和天然气的依赖，以及消除了废物运输和到工厂外找有资质处理公司进行处理的费用。从废物管理的角度看，废物没有离开产生地，而且被有效地管理，甚至被破坏和固化。从表面上来看，这是一个很有吸引力的方案，是环境管理的很好的体现。

同很多历史上关于工业运行的诉讼一样，记录通常是不完整的。但是，幸存的记录显示，所有者 / 经营者在 1988—1990 年的 35 个月内，燃烧了 5980821lb 污泥。基于每月平均焚烧速度以及所知道的操作周期，可以计算出该设备在 1982—1992 年 6 月，很有可能焚烧了多达 1930×10^4lb 的污泥。燃烧之后的污泥含有很高的重金属（包括但不限于砷、铬、铜、锌）、PAHs 和苯酚。在锅炉进行实质性改造之前，这些废物是绝不可以在锅炉中燃烧的，尤其是在无法表明锅炉可以持续维持高温的情况下。

所有者 / 经营者还有如下更不负责任的行为。该公司接收了至少其他 17 个工厂所产生的污泥，甚至包括并不是他们所拥有和经营的工厂。实质上，他利用许可证违背了法律的目的，即保护公众和环境的目的。因为在其他州其他工厂里所产生的污泥在 RCRA 中是被认为受管制的有毒废物，所有者 / 经营者利用 MDEQ 对废物分类的解释进行废物处置生意。简而言之，有废物运输到枕木工厂进行焚烧，通过燃料添加剂方案谋利。

公司内部记录显示，燃烧重金属超标的污泥所产生的气体超过了《联邦空气污染指南》规定，而且超过了自身的空气污染控制许可以及设备的污染控制限度。有毒污泥的燃烧几乎是连续进行的：平均每月燃烧 24 天，每天燃烧 16 小时（很多时候，每天长达 24 小时连续燃烧）；在每天的燃烧时间内燃烧重达 15000lb 的有毒废物。

所有者 / 经营者在使用燃烧木材的锅炉时，并没有识别出因有害工业废物的燃烧所带来的空气污染问题。事实上，20 世纪 70 年代的早期内部备忘录上就表明，公司承认在消耗木材的锅炉中污泥的焚烧需要特别高的温度（大于 1800°F），以减少有害气体排放。锅炉并不是为可以维持如此高的温度而设计，以保证污泥燃烧产生的有毒成分的完全毁灭。锅炉也从

❶ $1°F = \frac{9}{5}°C + 32$。

未进行催化再燃器和静电沉降器的改造，以应对高负荷情况。除此之外，锅炉还用于被污染土壤的燃烧和烘烤，而锅炉所采用的技术并不是为这个目的而设计的。

大概在 1992 年，MDEQ 将 Koppers/Beazer 公司所燃烧的废物状态由不受控制的工艺废物变成受 RCRA 控制的废物。因为锅炉并没有焚烧此类废物的许可，公司只能终止了燃料添加剂方案。

Koppers/Beazer 公司认为，公司完全是在法律允许范围内运营。尽管有记录显示有时会超过《联邦空气污染指南》规定，方案整体是法律许可的，而且当废物管理状态发生变化时也遵守规定停止了操作。

尽管 Koppers/Beazer 公司整体上在法律允许范围内操作，但也只是通过获得许可而满足最低的法律要求，这种做法是不负责任的。所有的环保法规都是为保护公众和环境所制定的最低的标准。因为法律标准的制定是建立在保护全社会利益的基础上，考虑不到特殊的情况。在枕木工厂案例中，特殊情况在于这是一个紧邻居民区的大型木材加工厂。它邻近敏感接受体，因此存在对人类产生有害影响的可能。而且，尽管 MDEQ 并没有将工艺污泥归为受管制的有害废物，Koppers/Beazer 公司所接收的废物所在的其他州都是归为有害废物的。由 MDEQ 所做出的不受管制的废物分类是基于法律定义的，并不是基于健康风险评估或者发起对其他州关于废物分类的质疑。Koppers/Beazer 公司简单地利用这一法律作为低成本处理废物以及通过接收废物获利的机会。从本质上来说，公司利用它的许可状态进行废物处理生意。这进一步欺骗了 MDEQ，因为它并没有向其公开它从其他 17 个州和工厂接收废物的意图。

Koppers/Beazer 公司的燃料添加剂方案对工厂也带来了严重的废物管理问题。从仅存的少量燃烧记录可以发现，1988—1990 年处理了超过 11000bbl❶ 有毒废物污泥。并没有记录显示，这些有害污泥是否是以对环境负责的方式处理的。设备历史记录表明，对溢出以及日常工作的管理不当造成了长达几十年的场地污染。因此相比于工厂的其他废物，并不能期望包含有毒残留的污泥以更负责任的方式进行管理和处理。

Koppers/Beazer 公司燃料添加剂方案的所作所为与 MDEQ 所期望的恰好相反。不仅没有使枕木工厂的废物管理简单化，反而在有文件记录的时期内从其他工厂接收将近 3 倍的废物。这一方案通过环境转变成为空气污染问题，与堆积在现场的含有重金属的灰分一起，产生了严重的健康风险。由于允许枕木工厂进行废物处理，这也增加了全球空气污染问题。也就是说，由于取消了场外运输和废物处理带来的环境效益，因无数桶有毒废物污泥的运输和现场管理而大打折扣。

这一部分的案例学习告诉大多数读者，仅满足最低的环保规定要求并不能成就一个负责任的公司。事实上，Koppers/Beazer 公司的行为可以被称为鲁莽的危害。

2.第二件荒唐事

Koppers/Beazer 公司所提出的第二个看似明智且有利可图的方案同样围绕消耗木材的锅炉操作。在这个案例中，公司请求 MDEQ 批准在锅炉内燃烧废弃的处理过的木材。

从表面上来看，所提出的方案是环境友好的、清洁生产类型的方案。事实上，这一方案已经在美国好几个地方实施，而且采用的都是比枕木工厂更安全的技术。

---

❶ 1bbl = 158.9873dm³。

Koppers/Beazer 公司提出的方案是通过伊利诺伊州中央铁路公司收购旧的处理过的枕木，然后在锅炉内燃烧产生蒸汽和电能。从表面上来看，这一废物变能量方案具有很好的环境效益，因为它降低了垃圾填埋场的负荷，而且将废物变成可以现场使用也可以卖给当地电网的能量。

再一次说明，这一方案的影响恰恰相反。尽管垃圾的体积减小了 90%，可以降低垃圾填埋场的负荷，但是这个效益被焚烧产生的空气污染大大抵消。没有对锅炉空气污染控制可靠性以及高温毁灭能力的证明，公司非常容易地就获得了许可证。在历史操作期间（从 20 世纪 90 年代中后期到 2001 年），所有者 / 经营者的记录显示，锅炉并不能始终保持足够高的燃烧温度，以保证木材未充分燃烧产生的二噁英和呋喃足够的去除率。这在一定程度上与锅炉不稳定的进料问题有关，而这个问题因为受硬件条件限制，不可能完全最优化。再一次说明，所有者 / 经营者忽略了该操作的特殊情况给敏感人类受体带来的生命和健康危害。锅炉的操作能力决定了其每年产生 60 多吨微粒和空气污染物排放。设备所有者在实施过程中给附近居民区带来了巨大的健康风险。锅炉并未经过实质性的改造。连续的检测只针对 CO，而且锅炉不可视，加上简陋的温度控制器和传感器，使得温度也不可靠。作为请求空气许可证基础的火灾试验数据，也仅局限于相似却不完全相同的锅炉操作。

所有者 / 经营者看上去满足了最低的环保要求，它有经营许可证。但是没有记录可以证明该公司是有意或是无意地违背了许可要求。该案例中的毒物侵害是非常严重的，从二噁英和呋喃到五氯苯酚和木馏油。

3.总结和教训

显然，仅仅满足最低环保要求的操作并不能保证未来不产生债务。这场诉讼之后所有者 / 经营者会面临环境保险费用的变化，而且场地被严重污染，甚至可以列为综合环境治理法案的名录。

迄今为止，枕木工厂仍没有正式的 EMS。它仍旧像之前一样管理环境——符合要求。尽管在环保法规实施期间设备运行存在多次违规，总体来说，公司还是为满足法规要求付出了努力。大多数情况下，它获得了合适的许可并且维持这种状态。但是满足最低法规要求并不能避免附近居民因空气污染而受到健康危害，也不能保护公司因毒物侵害诉讼而免受巨大财务风险。

EMS 可以帮助公司专注于废物最少化、污染防治，以及将管理重心转移到适当增加污染控制基础设施的投资计划，这即使不能消除，也可以降低居民的安全风险以及公司的金融债务。EMS 可以将精力集中于与生产操作相关的大的环境问题，使公司可以在处理这些问题时考虑到公众安全以及 4 种成本类型中的很多种因素。

相比较于我遇到的其他案例，这个案例可以更清楚地表明，EMS 是一件对自己行为负责的事情。这是现代企业关心经营过程中环境安全管理问题的基础。

四、案例分析3——Koppers/Beazer公司诉讼中密西西比中央铁路公司的角色

"我们不需要担心未来债务，因为已经与其他公司签订合同，负责处理我们的废物。而且我们还签署了一个协议，由该公司承担与废物相关的所有债务。"

密西西比中央铁路公司是枕木工厂毒物侵害诉讼的共同被告，因为它的废旧枕木是作为废物在锅炉中燃烧的。该公司申辩称自己被拖进这场诉讼中是无辜的，因为自己并没有参与现场管理，而是与 Koppers/Beazer 公司就废物处置签订了一份协议，牵涉进这场诉讼中仅仅是因为 ICR 财力雄厚。

ICR 有时表现的并不仅仅是一个偶然去现场检查质量控制问题的顾客。有内部文件表明，中央铁路公司人员有时会指示枕木工厂操作人员改变正常的工艺操作条件，而这会产生更大量的废物。除此之外，ICR 的经营活动产生了固体废物（废旧铁路枕木），却没有本着对公众和环境负责的态度处理这个问题。

负责任的企业会本着对环境负责的态度，从头到尾使用最好的方法和技术管理所产生的固体废物。这就是动态环境管理。负责任的企业会对生产过程中产生的产品、副产品和废物妥善管理，从而保护环境和公众安全。他们不仅将注意力、精力和财力用于满足环保法规要求，而且更负责任地管理副产品（包括废物）以免对公众健康和环境造成负面影响。下面列出了拥有共同的环境管理策略的公司的网址：

（1）Hormel 食品公司——http：//www.hormel.com/templates/corporate.asp? catitemid=71&id=314

（2）Walt Disney 公司——http：//www.corporate.disney.go.com/environmentality/environmental_policy.html

（3）3M 公司——http：//www.solutions.3m.com/wps/portal/!ut/p/kcxml/04_SSj9SPykssy0xPLMnMz0vM0Y_QjzKLN4j3MwHJgFjGpvqRqCKO6AK-QRAR32CYi KU7uho_YwxdIVARA7hVjq4QIWNHX4SYO4aYtwVEyNtS39cjPzdVPyg1L97ZUd9bP0C_IDcUCiLKHR0VFQEHJRvR/delta/base64xml/L0lJYVEvd05NQUFzQURzQUVBBLzRJVUZDQSEhLzZfMF8xMkwvZ1W5fVVVM!

（4）通用汽车公司——http：//www.gmcanada.com/inm/gmcanada/english /about/Environment/environment.html

（5）CSX——http：//www.csx.com/?fuseaction=general.csxo_env.

ICR 所选择的处理数百万吨固体废物的方式是依靠枕木工厂所采用的技术，而这个技术会造成有害的环境转变。两个公司之间的合同以及通信记录等表明，ICR 在处理这些废物（废旧的铁路枕木）时，只考虑低成本，而不考虑枕木工厂所采用的燃烧处理方式是否是安全的，是否会产生空气污染问题和水污染问题。ICR 试图将自己经营产生的废物通过买卖合同转移给枕木工厂，从而丢弃自己对废物管理的责任，使之成为另外一个公司的责任。

这种做法是错误的。产生废物的公司应该与具有专业知识和先进技术的废物管理和处理企业签订协议。但是即使这样，原始公司也不能丢弃对废物的所有权。在美国环保法规中，事实上也是整个欧盟立法的共同前提，即废物产生者始终对自己产生的废物负有责任。因此，废物产生者必须全面调查并选择可以负责任地管理废物的第三方。

ICR 知道枕木工厂的锅炉操作虽然最终获得了许可，但是并不是为废物焚烧而设计。两个公司之间的通信显示，ICR 一直知晓许可状态，而且知道锅炉并没有进行实质性的改造。ICR 明白固体废物的毒性，尤其当燃烧时会产生二噁英和呋喃。同其他产生废物的公司一样，

ICR 知道这些废物的性质和有毒特性，有责任选择一家废物管理公司，其采用的技术可以保证不会产生有毒空气污染物二噁英。

Koppers/Beazer 公司并不是一个废物处理公司，在不完全燃烧产生有毒污染物方面并没有丰富的知识和经验。一个负责任的公司会进一步调查和评估用于处理这些固体废物的硬件是否合适。有记录显示，虽然枕木工厂与其他产生木材废物的工厂有往来，只有 ICR 的被烧掉。而且正如枕木工厂所记录的一样，由于所有者 / 经营者最终承认锅炉无法安全稳定地运行，以及公司债务逐步增加，焚烧防腐木材废物的行为就停止了。

ICR 有义务从头到尾地管理废物。同其他公司一样，ICR 对这些废物负有责任。没有哪个公司，除非在不发达国家，可以将废物管理交给第三方而且不管这些废物是否被负责任地处理，进而终止这个义务。

ICR 所经营的业务范围涉及很多环保方面，包括但不限于零部件、化学品和燃料的储存，储油罐内油品性质，发动机和零部件的清洁和维护操作需要使用溶剂，废旧电池带来的有害废物，污水处理产生的污泥以及产生气体排放的操作等。

操作运营涉及很多环保问题的公司需要 EMS 的帮助。EMS 可以将很多问题分解归类在一个简单的管理框架里，使得高层管理者可以专注于优先级最高的问题，并且评估出其对业务的危害。它帮助、指引公司负责任地处理所有环境问题，不仅是在操作现场，而是贯穿整个供应链。

五、环保方案与EMS的区别

EMS 是机构用于处理环保方面问题的系统方法。这是一个适用于任何规模和类型机构的管理工具，可以控制经营活动、产品或服务对自然环境的影响。

现如今的所有公司都宣称自己拥有环境管理体系。有的公司指出配有一个环保经理，没有的话就是工厂经理，负责环境报告、环境许可以及符合环保法规等相关工作。还有的公司指出，配有专职人员甚至专职部门管理与经营活动相关的环保工作。也有些公司强调在运行废物最少化方案。但是，这些并不是 EMS，只是将彼此关系不大的因素结合起来，用以强调符合环保法规要求。

在一个环保部门内利用公司资源设法应对环境问题，与采用 EMS 是有根本区别的，EMS 是一个将经营操作和产品相关的所有环境因素都联系起来统一管理的系统方法。

从之前的案例分析得到的一个教训就是没有哪个公司在运行 EMS。因为未能以积极主动方式处理环境问题，他们将面临数百万美元的诉讼。原告所要求赔偿的具体数额并不重要，这取决于法院。但是每个公司都面临昂贵且耗时的法律诉讼。

作为企业，它们应对环保问题而不是积极主动地寻找问题。这种环境管理的方法从本质上来说是错误的，事实上也是不负责任的，因为所有企业都有保护公众不受其危害的义务。一个环保负责的公司会通过系统寻找和消除操作中对环境不利的因素，从而不断改进环境效益。

公司虽然有一些法律上所需的文件，如《雨水管理计划》《泄漏应急方案》《废物最少化报告》《空气污染许可》等，但并非意味着对环境问题进行了恰当的处理，尤其是其经营给公众和环境带来影响的环境问题。当公司只关注许可和批准授权时，他所做的只是满足最低要求，而不会评估满足最低标准对降低公众和自身经营的风险方面是否是足够的。从案例分析2和案例分析3中可以明确看出，公司甚至不能提供操作周期最后10年内的完整生产和废物记录。没有类似记录的公司很明显不关心环境效益，也不关注如何不断改进环境效益。

所有这些讨论的目的并不是让读者相信所涉及的公司是不负责任的，甚至不顾后果的。这是陪审团基于其他很多没有提及的因素而做出的决定。重点是公司因自身落后的环境管理行为而陷于诉讼中。公司所依赖的系统事实上并不是一个真正的系统，只是一个管理环境问题的一般方法。这就是利用方案和EMS进行环境管理的区别。

EMS的主要因素包括：

（1）环境政策以及达到政策目标的要求。

（2）计划。对公司环境方面的分析（如工艺、产品、服务以及所使用的商品和服务）。

（3）实施和操作。从环保角度来看，是关键操作性能的改进和控制。

（4）检查和纠正。包括对环境有重大影响的特性以及活动的监控、测量和记录。

（5）管理部门复查。公司高层管理人员对EMS进行复查，以保证持续适当、妥善和有效。

（6）持续改进。持续改进是EMS的关键要素。计划、实施、检查、复查和持续改进完成了EMS的循环过程。

EMS是建立在一套标准上的。EMS有不同的版本，但是在美国，采用ISO 14000系列。ISO 14000系列标准分为公司导向标准和产品导向标准两大类。

公司导向标准提供EMS建立、维持和评估的综合指导，同时也关注其他公司的环境系统和功能。

产品导向标准关注产品和服务在其生命周期内对环境的影响。这些标准帮助企业收集所需要的用以支持计划和决定的信息，同时向消费者和其他利益相关者传达详细的环境信息。

第四节　EMS各要素的理解

一、基础——持续改进循环

对EMS一个简单的理解就是持续改进循环。从本质上来说，EMS对企业提出的挑战是持续改进环境效益。通过持续改进工厂的环境效益，即使每次提高得很少，日积月累，效益提高也是非常可观的。持续改进循环包括计划、实施、检查和复查4个基本步骤，如图1-1所示。

在计划阶段，制定环境政策，确定环境需求；确定环境效益改进需求并设定优先级；设计方案和行动计划以改进要求和效益。

在实施阶段，实施在第一步中设计的方案和行动计划。

在检查阶段，监控环境效益，评估环保方案和行动计划的进展。

在复查阶段，修订环保方案和行动计划，考虑环境政策的变化，考虑新的环保要求和其他效益改进需求。

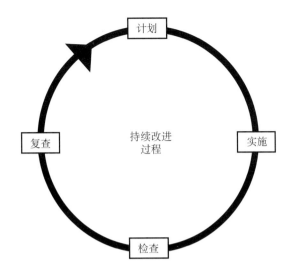

图1-1　持续改进循环过程

这是大体步骤。实际上，决策者在制定经营决策时会遵循相同的步骤。EMS 是一个具有格式化步骤的简单管理体系。

现在我们讨论一下 ISO 14001。ISO 代表国际标准组织，是各国家标准组织的国际联盟，目前包含 127 个成员。ISO 的目标是促进世界上标准化和相关工作的进展，用以方便商品和服务的交易，开展知识、科学、技术和经济方面的合作。ISO 技术工作的成果就是颁布的国际标准。

ISO 14000 是国际上关于环境管理的一系列标准。在 ISO 技术委员会 207 的发展下，ISO 14000 系列标准专注如下环境管理方面：

（1）环境管理体系（EMS）。

（2）环境审计和相关调查（EA&RI）。

（3）环境标签和声明（EL&D）。

（4）环境效益评估（EPE）。

（5）生命循环评估（LCA）。

（6）术语和定义（T&D）。

ISO 系列标准为国际化机构管理环境因素提供了统一的框架。

ISO 14001 是与我们讨论最相关的标准的一部分。图 1-2 列出了持续改进循环的实施中 5 个最基本的步骤和因素。如果需要 ISO 14001 中每个条款的详细解释，读者可以参考《绿色效益》（*Green Profits*）这本书。

二、符合评估的含义是什么?

术语"符合评估"指的是机构尝试确定是否满足了标准要求。也就是说，这是一个审计。在管理体系标准中，如 ISO 14001 中的 EMS，可信任的第三方的符合评估是对机构进行认证或登记的基础。

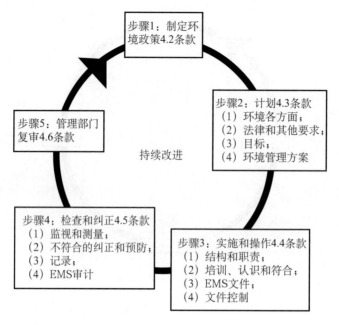

图1-2 应用于持续改进循环的ISO 14001中主要条款

如同 ISO 9000 质量标准一样,他人对认证执行情况及使用过程的信心决定了 ISO 14001 认证的价值。必须保证认证的执行严格而且公平。通过认可公司有资格做某一项工作,即授权过程,给了公司信心。

在美国,授权机构是美国国家标准学会/认证授权委员会(ANSI/RAB)。申请 ISO 14001 认证,公司首先需要进行审计并为此支付酬劳,审计由登记员完成,而登记员需通过 RAB 认证或者通过其他国家相同机构认证。然后登记员聘用、帮助和监督一个审计团队完成审计工作,这个团队需是通过 RAB 认证的 ISO 14001 审计员团队,而且必须包括一名由 RAB 认证的高级审计员。审计员也可以通过其他国家相同结构认证。RAB 认证的审计员必须完成由 RAB 认证的培训机构的培训,并且满足其他要求,包括年度认证需求(如审计时间、职业发展等)。图 1-3 为 ISO 14001 认证架构简图。

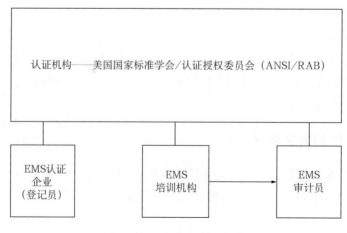

图1-3 ISO 14001认证架构

三、公司真的需要认证吗?

第三方审计的优点是可以保证对标准采用情况进行客观的评估和认证，假设审计是由 RAB 认证的审计员完成的。但是认证是非常昂贵的。而且即使企业获得了 ISO 14001 认证，也不能保证获得好的环境效益，还有可能抵消掉 EMS 带来的很大一部分效益。

基于这个原因，很多公司选择自我声明。自我声明的一个例子是化学工业中的 RC 14001 环境管理体系，其源于责任关怀（Responsible Care）制度，并整合了 ISO 14001 管理体系的优点。简而言之，没有认证也可以获得 EMS 收益，自我声明就足够了，除非企业已经建立实施了 EMS。

四、EMS的必要性

通过本章所介绍的案例能够使大部分读者相信，仅满足环保法规要求是不足以获得和保持好的环境效益的。即使公司不重视环境效益，也应该对不负责任的行为所带来的潜在债务很敏感，应该具有超越符合要求的更好表现。

如果没有其他，EMS 专注于不断降低经营活动中负面环境因素。通过持续改进循环，公司始终关注经营活动的环境因素。不断地计划、实施、检查、复查协议、行为、操作，致力于系统地消除排放和废物。仅从概念上来说，相比较于只有一个环保部门简单地应对问题，只能通过改变操作和控制技术追赶法规的变化，这是一个非常好的方法，可以满足现在、变化中以及未来的法规要求。

EMS 也有影响财务健康的直接收益。例如：

(1) 与公众和社区维持良好关系。

(2) 满足投资者要求，获得更大投资。

(3) 支付合理的保费。

(4) 改善公司形象，提高市场占有率。

(5) 符合供应商认证标准。

(6) 加强成本控制。

(7) 减少产生债务的事故。

(8) 节约输入物料和能量。

(9) 有助于获得许可和授权。

(10) 提出和共享环境解决方案。

(11) 改善与政府的关系。

第二章 从EMS体系开始

第一节 简 介

本章从理论上升到实践的角度介绍 EMS 体系。正如前言所述，创作本书的目的既不是对环境管理相关书籍的扩展解释，也不是重复相关的早期出版物，而是对建立并运行 EMS 体系的信息和工具的一个补充。对于一些读者来说，本书可以作为一个初级读本供初学者使用，也可以作为一些公司建立或强化自身 EMS 体系的基础。

本书将建立 EMS 体系的必要的、重要的元素联系在一起。虽然 ISO 14001 是 EMS 体系的标准，但本章依旧提到了涉及 EMS 体系的一些概念和工具。读者会在本章的最后获取一个有助于建立 EMS 体系的初始步骤的工具包。

第二节 EMS体系的实践因素

根据国际标准组织解释，EMS 体系是一个完整的管理系统，它包括组织框架、活动规划、职责、实施、程序、流程和资源的开发、实施、实现、评审以及保持环境的方针。根据第一章所述，EMS 体系的主要元素包括制定环境政策、规划、实施与运作、检验和校正活动以及管理评审。

一、制定环境政策

管理高层需要清楚地定义该组织的环境政策。这个书面政策声明适用于工厂、现场以及工程项目，这里的工程项目是指具有一定规模同时比较受政府政策影响的工程活动。环境政策的格式和篇幅不固定，但是它必须与环境法律法规相联系。它需要提供一个制定和审查的框架。这一政策需要传达给单位所有的员工、公众以及其他与其业务产业链相关的企业。在图 1-2 中，ISO 14001 的条款 4.2 实施细则第一条提及，建议企业承诺将污染防治作为其公司的首要任务。政策声明的格式是没有标准模板的，它涵盖的范围很广，从对环境法规严格执行的方法到环境保护所采取的节能减排措施都是这个声明所涉及的目标和具体指标。事实上，这个环境政策声明并不单单是一个总体的政策方针，更重要的，它是对目标和具体指标愿景的一个实施方法的陈述。下面通过网站下载一些知名企业的相关政策举例说明：

（1）环境健康安全（EHS）影响分析是所有工厂和企业经营活动需要进行的评审工作，用来确定它们 EHS 最重要的影响因素以及未来改进的概率（包括 2003 年底制造和研发的设施以及 2004 年底主要的商业活动）。

（2）安全绩效指标的评审可降低事故和缺工的数量。

① 以 2000 年为基准，事故率以及损失工时下降 50%。

② 在类似公司能保持排名前 25%。

（3）环境效益目标和指标（销售规范化）着重关注于减少水资源消耗，温室气体的排放，能源消耗，废水及废气排放，危险废物、非危险废物以及化学品的场外排放。

① 以 2001 年为基准，减少能源消耗 10%。

② 以 2001 年为基准，减少水资源消耗 10%。

③ 在一些水资源紧缺的国家，需要同时执行 2003 年制订的方案以及 2010 年制订的额外节约水资源目标。

④ 以 2001 年为基准减少总温室气体（例如，二氧化碳和甲烷）排放 10%。

⑤ 基于各个工厂的 EHS 评审分析结果，建立全公司截至 2003 年对于非危险废物的减排目标。

⑥ 以 2001 年为基准，将场外危险废物排放量降低 50%。

⑦ 基于各个工厂的 EHS 评审分析结果，建立全公司截至 2003 年对于酸性气体（SO_x、NO_x、HCl）的减排目标。

⑧ 以 2002 年为基准，将释放到场外空气中的化学品量降低 50%。

⑨ 基于各个工厂的 EHS 评审分析结果，建立全公司截至 2003 年对于污水排放的减排目标，参数包括总化学需氧量、固体悬浮物量、硝酸盐量及重金属量。

⑩ 以 2002 年为基准，将场外排放污水中的化学物质含量降低 50%。

上述这些例子很好地说明将这些特定的目标和指标嵌入常规政策声明中，企业可以一个负责的态度承诺为公共安全、员工安全、节约资源、保护环境付诸行动；反过来，它们也反映了那些以负责任态度来进行营利性、竞争性、可持续性商业行为的核心价值观。表 2-1 是一个环境政策清单，可以帮助贵公司制定环境政策声明。

表2-1　环境政策清单

以下说明在多大程度上可以适用于贵公司的政策？					
一点也不适用=1分；完全适用=5分	1	2	3	4	5
1. 贵公司的环境政策已经成文。	☐	☐	☐	☐	☐
2. 它已经被管理层定义过。	☐	☐	☐	☐	☐
3. 员工参与定义这个政策。	☐	☐	☐	☐	☐
4. 这个政策会定期地进行评审。	☐	☐	☐	☐	☐
5. 当公司发生变动时，这个政策依旧适用。	☐	☐	☐	☐	☐
6. 员工了解这些政策。	☐	☐	☐	☐	☐
7. 政策符合环境立法。	☐	☐	☐	☐	☐
8. 它涵盖了环境效益持续改进的承诺。	☐	☐	☐	☐	☐
9. 下列哪些情况被考虑到政策中：					
（1）能源；	☐	☐	☐	☐	☐

续表

一点也不适用=1分；完全适用=5分	1	2	3	4	5
（2）原材料和水资源；	☐	☐	☐	☐	☐
（3）浪费；	☐	☐	☐	☐	☐
（4）噪声；	☐	☐	☐	☐	☐
（5）加工过程；	☐	☐	☐	☐	☐
（6）产品策划；	☐	☐	☐	☐	☐
（7）承包商和供应商的环境效益；	☐	☐	☐	☐	☐
（8）事故的预防；	☐	☐	☐	☐	☐
（9）事故的处理；	☐	☐	☐	☐	☐
（10）环境保护和人员；	☐	☐	☐	☐	☐
（11）环境和公共关系。	☐	☐	☐	☐	☐
10. 员工已充分理解这个政策。	☐	☐	☐	☐	☐
11. 公司以外的人员也可以充分理解这个政策。	☐	☐	☐	☐	☐
12. 这个政策目标性明确。	☐	☐	☐	☐	☐
13. 它在改进方面也有清晰的目标。	☐	☐	☐	☐	☐
14. 政策是可信的。	☐	☐	☐	☐	☐
15. 政策对于员工有指导性作用。	☐	☐	☐	☐	☐
16. 它有助于员工认同自己的公司。	☐	☐	☐	☐	☐
17. 它有具体的实施措施和目标。	☐	☐	☐	☐	☐
18. 它在管理层和员工的能力范围之内。	☐	☐	☐	☐	☐
19. 它与公司的总体目标相一致。	☐	☐	☐	☐	☐
20. 它是被管理层支持的，并可以实施。	☐	☐	☐	☐	☐
21. 它符合日常运营的要求，并不是一个约束，而是具有一定可能性	☐	☐	☐	☐	☐

总计
总分155分　　　（100%）= 155分
取得分数　　___（%）= ___分

二、规划

规划始于识别组织控制环境方面活动（即可能与环境起到交互作用的那些活动的某些部分）以及这些活动对环境产生的影响。从实际意义上讲，一旦最高管理层决定建立这方面的政策和承诺，这个消息会在整个组织变得透明化，公司就需要在环保方面推进实现 EMS 体系。虽然 EMS 体系已有正式定义，但我设计了一个可以有助于将清洁生产 / 污染防治（CP/P2）更好地整合进 EMS 体系的方法。环境因素（EA），定义为一个产品在任何单元过程、操作、设备部件或生产操作本身及其周围环境中彼此之间的相互作用。EMS 体系规划阶段的作用是识别不利的环境因素，设计方法剔除或减少它们的负面影响。简而言之，EMS 体系的规划阶段指导我们确定尽可能多的负面环境因素。环境因素及其作用确定后，就会用标准将其划分等级或排列优先次序（图 2-1）。它打下了一个合理的决策基础，可以系统地减少那些与公司业务目标和公司整体长远可持续发展战略规划相关的负面环境影响。基于明确的标准来定义和建立环境因素优先级，最高管理层可以建立目标、指标及具体要求。这允许该公司针对每个环境因素确定环境行动方案，并将它们置于环境资源管理和实施规划中。确定环境因素行动方案的过程称为初始环境评审（IER）。环境因素等级划分举例详见《绿色效益》（*Green Profits*）[1]一书。

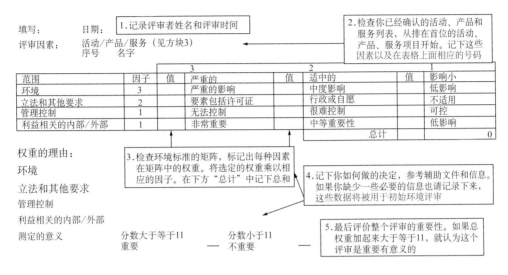

图2-1　影响因素（EAS）评级草案

三、实施与运作

正如字面意思所述，EMS 体系中的实施步骤是将环境行动方案付诸实践。这个步骤不仅包括纠正行动方案错误和消除不利的环境因素，也包括培训和提高认识，建立一个连接组织内部和外部的沟通桥梁，建立文档，制定企业经营管理和应急预案行动规划等内容。这里包含一些关键问题需要解决，包括污染防治、持续改进、承诺减少确定的影响因素，发展和合规管理计划的实现，鉴别机制是否适用法律以及其他角色和职责划分等问题。

四、检验和校正活动

组织机构必须衡量其绩效表现是否与其目的、目标、业务管理相一致，是否符合相关法律法规。具体地说，EMS 体系必须定义如何处理不符合 ISO 标准的活动以及采取何种措施来纠正它们。此外，这些检查和纠正措施是环境效益不断改进的基础。从这个角度来看，它也是最高管理层对 EMS 体系承诺进一步改善政策和公司愿景的基础。这本身不是一个简单的任务，因为公司规模越大越复杂，需要治理的环境因素就越多。此外，这些行动也受到成本的影响。从实际意义上讲，无论是当今，还是基于未来债务以及环境管理的影响，EMS 体系减少的部分就是对成本的控制。高级管理者必须清晰地认识到，环境行动规划中的污染防治和纠正措施并不是简单的污染物减排和减少违法行为，关键还要节省资金。资金的节省可以来自于污染物减排，也可以来自于提高效率、操作性能、能源需求的削减、原材料的节省、产品质量和劳动效率的提升等其他方面。图 2-2 描述了许多公司经常追踪的类别。由图 2-2

可知，环境效益是被那些采用 EMS 体系公司追踪和报道最多的类别。但是对于商界领袖和决策者来说，环境效益很容易被理解成金钱。实际上，对于投资者、信贷机构、保险公司或是合作伙伴，金钱上的节省可以与良好的环境效益相联系，当涉及环境管理方面时，它便与使用性能追踪相关。在制订适当的方法来检验和纠正措施的同时，也许需要定义一些适当的度量并使用环境管理信息系统（EMIS）。这些术语会在本章进一步讨论。

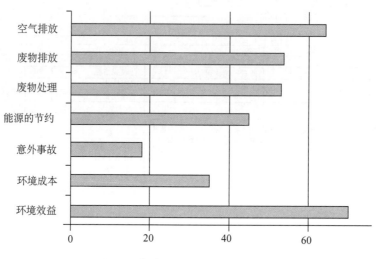

图2-2 各公司经常追踪和报告度量

五、管理评审

管理人员为了持续的改进，需要定期地对系统进行评审，并需要相应地变更地址。这重新开启了一个持续改进的过程。因此，规划、实施、检验、评审是 EMS 体系的几个基本元素。环境管理体系可以为任何大小公司，以各种方式添加有意义的价值。例如，他们可以：

（1）提供一个成本效益好的企业环境框架。

（2）通过系统地追踪用户需求来降低监管违规行为的风险。

（3）为监管制度的灵活度提供了一个依据。

（4）通过证明环境保护的可靠性，来维护利益相关者的信心。

（5）如果发生违规行为，提供了一个自我修正和减轻处罚的依据。

（6）利用整合的原则对污染防治工作成本的节约。

（7）支持项目主要集中在最重要的环境因素。

（8）提供一个 EHS 分析（环境健康安全影响分析）集成框架。

（9）在现场促进新技术的部署。

（10）在竞争对手、行业和部门内部提供一个"基准"作为依据。

（11）在动荡时期为员工和决策者提供一个清晰的愿景和安定感。

（12）在管理公司现场、工程、资产中彰显责任、问责制以及持续改进。

（13）增强投资者和公众的信心，可以提高企业的竞争优势。

（14）在私营部门彰显环境领导地位。

实施 EMS 体系不会改变一个公司需要遵守外界或公司本身规则的基本职责。此外，环境管理体系本身并不能保证其有效性。虽然 EMS 体系中合规是必要条件，但它还提供了一些方式使其更具有可持续性。例如，EMS 体系需要一个机制来系统地确定比较适合的法律要求。

EMS 体系的作用是令一个公司集中精力主动地使其运营更具有效性，而不是被动地对环境因素做出对策。在一个工厂中，EMS 体系设计的目的是不断提高其环境管理活动质量，避免在合规要求发挥作用时出现漏洞和判断失误，并做出改变减少未来的负面影响，不断严格条例使其具有更高层次的责任关怀。EMS 体系为管理活动提供了一个总体的管理框架。因此，EMS 体系可以被用作部署或增强其他 EHS 分析方案的有效性。

在第四章将讨论，EMS 体系将有助于管理者和整个组织的工作更智能、快捷、经济，让工作事半功倍。提高管理方式可使工作更有效，并在更大程度上控制环境支持成本。

EMS 体系规划的全面定期审计非常重要，它确保整个体系有效运行，可以达到特定的目标，并依照有关规定和标准继续执行。审计的目的是行使对系统更有效的管理而提供额外的用于改进与当前规定不一致的实践活动或对系统进行改进的信息。

除了审计外，体系的管理评审也需要确保其运作是对组织和目标合适有效的。管理评审是制订改进措施比较理想的一种形式。讨论在理想化的条件下如何对未来进行改善。

第三节　EMS体系举例

国际标准组织（ISO）开发出一系列该领域的标准和指导方针，集体称为 ISO 14000 系列。因此说，参考 ISO 14000 标准的说法是不准确的。ISO 14001 是唯一认证的标准，其余的均为指导方针。各系列的标准和方针见表 2-2。

表2-2　ISO 14000系列中包含的方针和标准

系列	科目	标准
ISO 14000	环境管理体系	ISO 14001 ISO 14004
ISO 14010	环境审计指南	ISO 14010 ISO 14011 ISO 14012
IOS 14020	环境标签和声明	ISO 14020 ISO 14021 ISO 14022
ISO 14030	环境效益评审	ISO 14031
ISO 14040	生命周期分析	ISO 14040 ISO 14041 ISO 14042 ISO 14043
ISO 14050	术语的理解和定义	ISO 14050

ISO 14001 是 EMS 体系的一种类型。EMS 体系有很多类型。一些类型已由各行业协会开发出来，例如，化工行业的责任关怀、服务业的绿色地球、林业的"聪明"植物。一些非政府组织机构（NGOs）也开发出一些环境管理体系，例如，国际工农商会的企业永续发展宪章。政府机构也根据他们自己的目的开发出一些 EMS 体系，例如，工厂环境管理和监控系统，以及托比哈那军事补给站（www.femms.com）和北美环境合作委员会（与北美自由贸易协定有关）开发出的 EMS 体系指南（www.cec.org）。当然，许多个体企业也开发出了他们自己的 EMS 体系：例如，埃克森美孚开发出的生产一体化管理体系 OIMS（用于 EHS 分析），以及巴克斯特公司根据 ISO 14001 模型结合自身特点开发出的 EMS 体系。可以说，上述所有这些体系都遵循这样一个基本流程：规划—实施—检验—评审 / 运行。以下是欧洲共同体现在通用的 EMS 体系介绍。

一、生态管理和审计计划（EMAS）

生态管理和审计计划（EMAS）由欧盟委员会监管（No.1836/93）引入，要求所有欧盟国家都需遵守这一规定。EMAS 规定是在 1993 年 7 月由欧盟委员会制定并引入的，旨在作为一种环境政策的工具，达到整个联盟可持续发展的目的。EMAS 计划从 1995 年 4 月开始可以自愿参与，但其范围限制在现场进行的工业活动。

1996 年，国际环境管理体系标准——EN ISO 14001 出版发行，这一举措被认为是向实现 EMAS 计划向前迈进了一步。这也让大家认识到，所有部门都会对环境造成重大的影响，环境会从那些环境管理做得比较好的部门受益良多。

第十四条规定，所有成员国都有机会将计划扩展到其他经济领域，其中几个成员国已经成功在其他领域使用 EMAS 计划。规定 1836/93 第 20 条阐述，EMAS 计划必须在其生效后 5 年内进行评审。

1997 年，为了将各种变化考虑在内，产生了协商过程。委员会接受提议产生了"共同议定"的程序，这也涉及了一些欧洲其他的机构（欧洲经济和社会委员会、地区委员会），同时赋予欧洲议会在决策过程中和委员会具有相同的权利。

2001 年，新法规（EC）No. 761/2001 施行（O.J.L114, 24.4.2001，第 1 页）。主要元素有：

（1）EMAS 计划的适用范围扩展到经济活动的其他部门，包括地方政府。

（2）EMAS 计划需要整合 ISO 14001 环境管理体系，因此从 ISO 14001 到 EMAS 计划的发展会更加平缓，而不需要重复。

（3）EMAS 计划采用明显的、可辨识的标志，可更有效地使注册公司宣传其已经参与 EMAS 计划。

（4）员工也会参与到 EMAS 计划实施中去。

（5）通过提高环境报告的地位来提高环境效益在注册机构、利益相关者和大众三者之间交流的透明度。

（6）更全面地考虑资本投资、管理和规划决策、采购流程、选择和综合服务（如餐饮等）的间接影响。

法规包括 18 个条款、8 个附件。不像其他管理体系的标准，本法规中的附件是非常重要的一部分，而不仅仅是告知性的。这就意味着附件的要求也需要达到。

正如《马斯特里赫特条约》所定义的一样，欧洲共同体的整体目标是"推进经济活动发展，使其更加和谐、均衡、可持续、尊重环境、非通货膨胀式地增长……提高生活水平和生活质量。"

该方案不能取代现有团体、国家的环境立法或技术标准，也不能取代一个公司应该履行其法定义务的责任。

为实现可持续发展目标要求，需要使用更宽泛的环境政策工具。欧盟制订的第六个环境计划，名称是《环境2010：我们的未来，我们的选择》，我们需要认识到我们的目标是"完成并强化那些存在缺陷的立法，更好地实现我们的目标……特别鼓励企业自愿主动地保护环境，并开发绿色产品市场。"

最初，EMAS计划是建立在现场的基础上的，并只开放给公司经营的工业活动。然而，EMAS计划的适用范围在逐渐扩大，如今它可应用于任何对环境有影响的组织机构。参与这个计划是将组织的运营向其他各个经济部门开放的过程。

EMAS计划通过"经济活动统计术语代码（NACE）"来识别不同类型的经济活动领域。NACE是表示欧盟国家环境活动分类的一个标准。这些条款细节详见NACE Rev 1.中监管规则第3031/90(后被法规第761/93和29/2002修订)。根据以前的规定，该计划只面向工业部门，也就是NACE代码中10～40部分。现在EMAS Ⅱ已经允许其他经济部门组织参与这个计划，因此目前所有范围的NACE代码均适用。上述这个列表中的NACE保留到小数点后两位，其他一些细节性比较强的NACE列表可能会保留到小数点后五位。

对于EMAS来说，NACE代码主要用于对注册机构和信用审核人进行分类。协议要求公司主管机构注册场址时将信息填入EMAS帮助信息平台，找出至少小数点后一位的NACE信息。如果查出的NACE信息不能和其他机构区分时，就需要将代码信息的小数点位数保留得更多一些。

在注册登记该计划时，组织或公司需要采用一个环境政策，这个政策需要同时承诺既要遵守相关的环境法规，也要不断地进行环境效益方面的改进。

在公司或组织中需要进行初始环境评审。根据这个评审和相关的政策，环保项目和环境管理体系便建立起来。

EMAS计划通常被认为是凌驾于ISO 14001之上的，比后者更具规范性。但从某种意义上说，这个说法是比较有争议的，这两个系统存在竞争关系。本书认为无论是两者中的哪一个，在公司需要对经营活动负责这件事上，两者是没有区别的。两者的主要差别体现在以下几个方面：

（1）预审。欧洲认为EMAS计划需要一个初始环境评审的认证，而ISO是不需要的。但ISO 14001也需要进行IER评审才能完成。公司在实施EMS体系时，需要花费一定的时间和资源请内部精通相关领域的专家进行IER评审，这样的效果可能会比请外聘审计员更具可信性。

（2）公知性。EMAS计划环境报告中的政策、大纲、环境管理体系以及组织绩效等部分需要具有公开性。而ISO仅仅需要政策是公开的。但是从实际意义上讲，当一个公司具有良好的环境效益时，它们也会向大众媒体宣传自己的绩效。很少有公司会在改进性能的报告中忽略环境指标、力度和奖励机制的描述。

（3）审计。ISO 14001 需要进行审计，但审计的频率在 ISO 和 EMAS 计划的审计方法论中均未有标注。

（4）承包商和供应商。EMAS 计划中略微提到其对承包商和供应商的规范，需要解决采购中的一些问题，同时公司需要尽力确保承包商和供应商遵守环境政策。ISO 14001 要求，相关程序需要传达给承包商和供应商。一些公司实际上需要它们的首选供应商采用 ISO 14001 标准。实际上，在这里两者是没有区别的。

（5）承诺和要求。ISO 14001 中并没有规定公司绩效需要达到何种程度。而 EMAS 计划中指定，组织机构必须尝试降低环境影响的水平，使其影响损失不超过最好的技术所带来的经济价值。

也许 EMAS 计划和 ISO 14001 之间最大的差别在于认证。为了遵守 EMAS 计划的要求，ISO 14001 证书必须发布在被欧盟组织认证程序认可的地方。然而这个认证（注册）和美国相同，它并不具有强制性。ISO 14001 中认证是自愿的，同样的，很多公司为了节约成本，通过发表自我声明的方式而不进行认证。当然批判者会认为这样使 EMS 体系无效，但如果一个公司真正地实现了 EMS 体系，那么通过使用独立审计师和顾问进行正规的注册登记这一流程除了增加成本外，并没有其他帮助。当然对于那些近期刚经历过 ISO 9001 认证的公司，在发现了实施 EMAS 工作的价值后，如果聘请同一批顾问去认证 ISO 14001，则成本是可以压低的。

我咨询了除美国以外的那些已经施行 ISO 14001 地区的工厂。尽管这些地区已经施行 ISO 14001，但环境管理体系在这些工厂的应用效果和美国相比还差得很远。其中，一个非常重要的原因是在那些执法不严的国家，注册过的 EMS 体系形同虚设。在北美，提高环境效益的主要推动力在于所有人都需要非常严格并积极地执行环境相关法律，不管 EMS 体系是否被注册过，都需要认真对待。另一个重要原因是私有化的作用。在发展中国家和不发达国家，大部分企业是由国家占有并获得国家大量补贴的。在这种情况下便不会那么鼓励节约成本，因此对公司在 EMS 体系的发展和维持上的投资行为很少有相应的激励机制。很多公司获得 ISO 14001 注册权的原因也仅仅是为了利用它打开国外市场。

图 2-3 概述了 EMAS 计划在 ISO 14001 认证过程中的实施步骤。

二、英国国家标准 BS 7750

英国有自己的 EMS 标准——BS 7750，从 1992 年开始，越来越多的英国国内外的公司取得了 BS 7750 的认证。BS 7750 的要求和 ISO 14001 的要求略有不同。

BS 7750 用于描述公司环境管理体系，评估其绩效，定义其政策、实践、目标与指标，提供持续改进的"催化剂"。这个概念近似于使用 ISO 9000 质量体系标准，公司利用这个方法来进行定义。这个标准提供了一个发展的框架，并对环境管理体系的结果进行了评估。

BS 7750 用于应对对环境风险和损害的担忧（包括实际发生的和潜在的）。对于公司来说，服从这个标准是自愿的，同时补充要求也需要符合法定的立法。

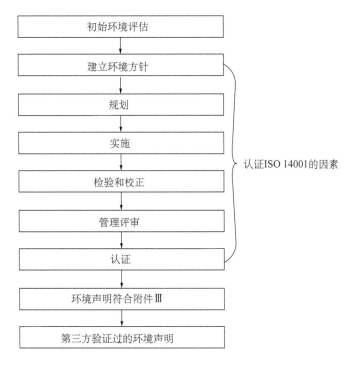

图2-3 EMAS在ISO 14001认证中的实施路线

颁布 BS 7750 的目的是用于和欧盟的 EMAS 计划以及 ISO 14001 相匹配。

BS 7750 需要在公司内部存在一个被管理高层所支持的环境方针政策，同时它也概述了公司的政策。就像 ISO 14001 一样，它面向的不仅是公司的员工，还包括公众。这个方针需要澄清遵守环境立法可能会影响组织的正常生产经营活动的说法，同时也需要组织恪守对持续发展的承诺。强调政策或策略的重要性，就是先要制定好策略，管理体系的其他部分在策略的指引下制定。

BS 7750 的评估部分不包括预审和对组织机构环境影响的定义；然而，对这个数据检验的方法是收集并利用公司执行方法的信息进行外部审计。预审本身是一个对现场投入和产出过程的综合考虑。评审（IER）的目的是鉴定现场所产生的各种相关的环境因素。这些可能与当前操作有关，也可能与未来，甚至是计划外的活动有关，但它们肯定与现场过去的某些活动有关（例如，土地污染、地下水等）。

评审也包括对与现场相关法律的广泛考虑，无论它是否正在被遵守，也无论立法的副本是否可用。

公司需要声明其对环境最具影响的主要环境目标。为了获得最大的利益，这些目标成为公司在环保项目和改进过程中主要值得考虑的领域。这个项目包含了一个含有实现特殊目标或指标的规划，并沿着这样的路线进行，这个路线包含需要达到的特殊目标，并描述了可以真实完成这个目标的方法。因此，环境管理体系可以在环境项目上提供更多的细节。

所有 EMS 体系建立的程序、工作指示以及控制方法都需确保其履行政策并达成目标。沟通是一个至关重要的因素，它使人们意识到他们的责任，了解自己方案中的目标并促进其成功实现。

第四节　污染防治及相关的术语

下面是一段 1990 年美国发布的《污染防治法案》内容。环境保护署（EPA）编制出正式的污染防治的定义以及将污染防治作为中心指导任务的战略规划。在《污染防治法案》中第 6602（b）部分的基础上，国会制定出一个相关的国家政策：

（1）在切实可行的情况下，污染防治需要从源头上避免和减少。

（2）在切实可行的情况下，不可避免的污染物需要以一种环保安全的方式进行回收利用。

（3）在切实可行的情况下，不可避免也不可回收的污染物需要以一种环保安全的方式进行处理。

（4）在万不得已的情况下，处理一定会排放或其他释放到环境中的污染物需要以一种安全的方式进行[2]。

在处理环境污染这件事上，首选项是应把预防放在第一位。

根据 EPA 的官方定义，在污染防治的行动中，污染防治的意思是"源头削减"。然而，污染防治（或称 P2）还包括污染物衍生物的减少或消除活动：

（1）提高原材料、能源、水或其他资源的利用效率。

（2）保护现有的自然资源。

术语"源头削减"所采取的活动定义见下：

（1）在回收、处理或处置任何有害物质、污染物、废物中污染物以及其他进入环境中的污染源（包括不易收集的排放物）之前，应先减少上述污染源的数量。

（2）减少污染物质的排放对公众健康和环境的危害。

污染源的减少包括设备或技术改造、方法和步骤的修正、产品重置或重新设计、使用原材料替代物以及在管理、维护、培训或库存控制方面的改进。

污染防治也可以被粗略地理解为等同污染源的减少。也就是说，减少废物和污染物的产生，从而减少其释放到环境中对环境和大众健康造成的伤害。就像污染源的减少一样，《污染防治法案》中所定义的污染防治并不包括进程外的废物回收处理以及废物燃烧的能量回收。

污染防治定义中把回收排除在外的本质原因是它并不是一种预防措施。然而回收可以带来实质性的环境改善，为保护宝贵资源做出重要贡献。许多业内的专家认为，回收应该与污染防治处于同等水平，因为它也代表了减少环境污染和资源高效利用等方式前进的步伐。但从纯粹的角度来看，回收应该不含在污染防治的概念中，因为废物的回收并不算是一种预防措施。然而 EPA 的污染防治/废物管理等级中将回收排在第二位，足可以证明在废物不能预防的情况下，回收可以作为一个有力的目标。此外，在某些情况下，当材料重新回到原加工过程中时，回收可以被认为是污染防治的一种形式。

污染源的减少和污染防治在本质上是同义的，事实上，它是工厂的一个衍生物术语，起源时间比污染防治要早。

污染防治这个术语从用途上有多重含义。虽然 EPA 的定义最广为人知，但其他人已经将回收和修复措施归到污染防治中（美国国会和美国能源署的活动除外）。例如，美国试验材料学会（ASTM）在关于污染防治的开发与实施标准中定义，污染防治是"通过源头减少、回收、再利用、再生或修正现有方式等途径，来减少和消除污染物和潜在污染物的使用、释放和生成[3]。"

另一个常用的术语是废物最小化。废物最小化最早是在污染防治领域提出的。它是在《美国资源保护与回收法》（RCRA）中提出的，主要集中在固体废物，尤其是危险有害品废物[4]。废物最小化比污染防治的范围窄，后者主要侧重于减少全部范围内的污染物和废物，包括空气排放、排放到地表或地下的废水、低效使用的能量和材料，但这里不包含那些传统意义上的地面上或场外回收的垃圾。同样废物最小化的实践也备受争议，因为它所包括的减少废物的体积和毒性的方法与只关注减少污染源产生废物的方式截然相反。《美国资源保护与回收法》要求从废物最小化定义中排除废物处理和对能量的回收。然而，不同于 EPA 对污染防治的定义，废物最小化在污染源减少行动中添加了回收这一行动[5]。

废物减排是工业中另外一个常用术语，但这一项介于废物最小化和污染防治。废物减排关注的范围比废物最小化更广，它着重于强调 RCRA 中的危险有害废弃物。但废物减排的范围比污染防治更窄，它是从整体上研究工业过程中所有类型的污染物释放到各种环境媒介中的情况。

减少有毒物质使用是在生产中减少或避免使用有毒物质，以减少其对工人、用户、大众健康的影响，并使其对生态系统和环境的影响降低到最小。减少有毒物质使用可以归为污染源减少。有毒化学品替代物是在产品或加工过程中用一些危害性更小的物质来代替原有的有毒化学品。它还包括通过相近替代品的研发和替代技术的发展来尽量减少或消除使用特殊化学品、有毒物质。污染源的减少和有毒替代化学品的使用共同构成了整个污染防治产业[4]。

生态效率术语是由世界企业永续发展委员会在 1992 年定义的。它解释为在进行具有价格竞争力物品的交付时，需要满足人类的需求和提高其生活质量，同时还需逐步减少生态影响，缓解生命周期内的资源强度，不能超过地球最大的环境负荷。生态效应和污染防治两个概念含义相近。两者之间的细微差别在于生态效率是经济效率对环境效益的积极影响，而污染防治是表示环境效率对经济效益的积极影响。

绿色生产力是亚洲生产力组织（APO）在介绍可持续生产挑战时使用的术语。APO 在 1994 年开始研究绿色生产力项目。与污染防治一样，绿色生产力是一个在整个社会经济发展中提高生产率和环境效益的战略规划。

工业生态学和工业代谢是在工业生产中与污染防治最相关的概念。工业生态学和工业代谢是对工业体系、经济活动以及两者和基本自然系统之间关系的研究。它旨在模仿生态系统中材料回收再利用的过程，材料物流管理是这些过程中最关键的部分。工业生态学和工业代谢有六大要素：

（1）建立工业生态系统。在生产中最大化地使用回收材料，优化材料和嵌入式能量的使用，减少废物的生成，重新对以废弃物为原料的其他过程进行评估。

（2）平衡生产对自然生态系统容量的投入与产出。在典型的灾难性的情况中，更大的自然系统处理毒物和其他工业废物的能力。

（3）工业的非物质化产出。减少工业生产中的材料和能源强度。

（4）提高工业过程中的代谢途径和材料的使用率，减少或简化工业流程来模拟自然生态系统的一些高效案例。

（5）能源使用的系统化模式。提高能源供应系统的发展，它可作为工业生态系统的一部分，利用这种能源利用模式可以使之免受负面的环境影响。

（6）政策符合工业系统进化的愿景。整合经济和环境法规，各个国家共同合作。

清洁生产在本质上和污染防治是意义相通的，即使这句话会和有些专家的意见略有不同。但从实际意义上讲，这两者的本质区别主要在于使用的地区不同。南美地区倾向于使用污染防治（P2），而其他地区倾向于使用清洁生产（CP）。但CP和P2都关注通过污染源的减少，持续减少污染和环境影响。两者也都强调，希望在过程中而不是最后消除污染物。以下的一些定义引用自网络：

（1）"清洁生产是指将综合预防的环境保护策略持续应用于生产过程、产品和服务中，以期提高效率并减少对人类和环境的风险。这个策略通常涉及加工过程修改，利用生命周期方法，在达到用户要求前提下生产出更具环境兼容性的产品和服务。清洁生产也会带来一些有形的经济储蓄和财务收益。与清洁生产并行的概念包括污染防治、废物最小化、生态效率和绿色生产。"❶

（2）"采取一些方式来避免使用或生产对环境持续污染的物质，降低生产出的液体废物的数量和毒性，需要处理并降低固体废物的数量或毒性。"❷

（3）"任何制造和生产过程中都需要减少废弃物、减少污染物的排放并节约能源。"❸

（4）"改进生产工艺流程可以使加工过程使用更少的能源、水资源或其他能量投入，同时产生更少的废物、更少的环境危害性（改编自《废物环境保护政策》）。"❹

通过上述讨论，我们使用CP/P2表示术语清洁生产和污染防治。它们有共同的目标对象。这个目标就是"预防"，而不是控制或应对。

第五节　EMS体系中关于污染防治的介绍

许多北美国家的公司证实，在EMS系统中的投资会减少相关违法的负债。在我之前出版的书籍中，EMS体系会带来多种利益，这些利益将在第四章讨论。现在，让我们简单地介绍下，通过提高执法，并以清洁生产/污染防治为主要推动力可以带来很多益处。从更普遍的角度来讲，清洁生产/污染防治并不是主要集中在废物或污染物，而是集中在所有形式的浪费上。在理想条件下，100%的原料、能量、劳动力的投入将会全部转化到产品中。由于硬件、技术、工程上的限制以及人为的错误，会导致原料、能量、劳动力仅部分转化为社会所需要的、有用的产品。其他部分为副产物和损失的能量。其中，一些副产物是有害的，

---

❶ http：//www.lineadecreditoambiental.org/html/glossary.html.

❷ http：//www.waitakere.govt.nz/glossary.asp.

❸ http：//www.wastenot.ie/glossary.html.

❹ http：//www.epa.qld.gov.au/environmental_management/sustainability/industry/sustainability_roadmap/glossary/.

一些不是，但是它们都是必须处理的废物流。包括损失的能量，所有的副产物都是一种污染的形式。事实上，本条款中的污染和浪费是可以互换的。CP/P2 的目标是找到一个经济的方法来防治副产物、能量损失、低效现象的生成，减少人为错误并在生产过程中最小化地使用原材料。显然，越是减少污染，加工过程就越高效，公司也会因此而越有利可图。

通过在管理部门和员工治理污染的行动中应用 CP/P2 的实践、技术和态度表现可以看出，这种依赖于在末端治理的方式已经有所减少或消除。CP/P2 已经应用于原材料采集、制造业、渔业、交通、旅游、医院、能源和信息行业。组织态度的变化对于 CP/P2 的正确应用和最好地进行实践也是至关重要的。改变公司董事、经理和员工对这方面的态度非常重要的一点是在 CP/P2 项目中获得盈利，甚至"污染"管理方案的实施也对 EMS 体系能更有效运行起到了非常重要的作用。

CP/P2 技术的应用旨在提高效率，采用更好的管理技术，改善内务管理，改进炼油公司的工作准则和工作规程。一般来说，技术的应用会导致现有加工过程的优化。在技术改进方面有多种方式：

（1）改变制造工艺和技术。

（2）改变加工过程投入物的本质（原料、能源、回收水等）。

（3）改变最终产品或开发替代产品。

（4）重复利用现场的废弃物或副产物。

CP/P2 选项的常见类型包括：

（1）改进工作实践，安全和正确的维护可以产生显著的收益。这些选项通常是低成本或无成本的。

（2）过程优化的改进。

（3）优化现在过程可以减少资源的消耗。这些选项通常是低成本或中等成本的。

（4）原材料的替换。通过使用更多的环保材料来替代有毒危险材料，可以避免一些环境问题。这些选项可能需要改变工艺设备。

（5）采用新技术可以减少资源的消耗，通过提高操作效率可以使废物最小化。这些选项通常是高度资本密集型，但投资回报周期极具吸引力。

（6）新产品的设计是一个非常重要的选项。改变产品设计会在整个产品的生命周期中产生收益，包括减少有毒有害物质的使用、减少废料的处理以及提高产品加工过程的效率。新产品的设计是一个长期战略，可能需要新的生产设备、实验测试、工厂试验和营销活动。

当一个公司在 CP/P2 项目和技术中投资时，就会取代原有的末端治理污染控制技术，生产成本便会提高。但它也会降低公司的风险。

图 2-4 显示了 CP/P2 在处理污染时和其他可用选项之间的关系。为了能更好地理解该图，需要理解以下内容。生成任何废物都需要用一种有效的环境方式去处理。例如，伊利诺伊州中央铁路公司（ICR），利用木材废料焚烧炉，用化学方法处理铁路轨枕（第一章案例 3）。ICR 在收集、筹划、运输、焚烧废物上的花费很高。该公司在垃圾管理中对于处理技术的选择是具有争议的，具有一定的环境危害性。它会对空气产生污染，并提高了厂区邻近社区的健康风险。垃圾焚烧如果管理不善也会造成灰尘污染，灰尘会蔓延到财产设施上。它们会通

过空气传播，造成很严重的空气污染，有毒的灰尘也会通过雨水移动到厂外，这样就会使周围的社区接触到这些废物。在伊利诺伊州中部选择了一个地方，对这些燃烧废物进行安全填埋处理，从而以一种负责任的态度减少其污染责任。另外，伊利诺伊州中部也选择使用混凝土铁路轨枕，以便从根源上消除废物。例如，Rocla 混凝土有限公司是美国一家主要生产预应力钢筋混凝土轨枕的公司。这家公司在过去 50 年中生产的预应力钢筋混凝土轨枕用于一级铁路、通勤乘客运输、交通部门以及全国工业加工生产。[6] 最后，ICR 选择依赖焚烧技术这件事情本身并不一定是坏事，但是铁路公司在选择处理废物设施上疏于管理，并没有尽职调查。ICR 对于废物疏于管理造成的环境转换问题应该在 EMS 体系管理得当的前提下避免发生，因为环境因素已经确定，应该积极解决。

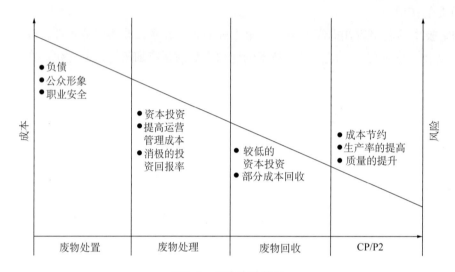

图2-4　污染防治等级

无论废物何时产生，都依旧是一个永久的负债。即使这种废物的生产或所依赖的实践和技术在当时并不受到监管，但这并不保证它将来不会被公认为是危害物质或是要被监管的废物。废物越少产生，公司的负债就越少。如果有些废物可以被回收或再生，这样不仅会减少负债，回收的成本也可能会帮助公司支付废物管理费。理想情况下，如果一个公司在最开始就减少或消除废物，那么不仅是废物处理、运输、废物处置的成本会减少或消除，公司金融风险也会消除。这不仅是一种良好的商业意识，也是一种对待大众安全和环境保护最负责任的态度。

当将 CP/P2 选项和污染控制进行仔细评估和对比后，CP/P2 往往在整体上更具成本效益。CP/P2 选项和安装污染控制技术的初始投资相近，但污染控制后续的成本会高于 CP/P2。此外，CP/P2 选项通过减少对原材料、能源、废物处置和遵守法规的成本，来节约成本。

CP/P2 带来的环境效益可以被翻译成"绿色"的市场机遇和"绿色标签"。公司在产品设计阶段附加对环境因素的考虑，这样他们会从任何一个生态标签方案中获得营销优势。

对 CP/P2 的投资原因有如下几点：

（1）改进产品或生产过程。

（2）节省原材料和能源，从而减少产品成本。

（3）使用新的改进技术会提高竞争力。

（4）减少对环境立法的担忧。

（5）减少对废物处理、储存以及危险有害废物的处置。

（6）提高员工的健康度、安全度和工作士气。

（7）提升公司形象。

（8）降低"末端治理"解决方式的成本。

CP/P2 只有部分依赖于新的技术或替代技术。它也可通过提升管理技术、采用不同的工作实践以及其他的"软"方法来实现。CP/P2 不仅是关于工艺的，也是关于态度、方法和管理方式的。CP/P2 途径的应用具有广泛性、速效性和方法性。

由于环境问题比较复杂，因此公司采用一种更加系统的方法进行环境管理。EMS 体系为公司提供了一个决策框架和行动方案，将 CP/P2 带入公司的战略、管理和日常运营中。由于 EMS 体系已经进化，便需要提升其应用的规范性。各行业团体以及一些标准制定机构开发出多种自愿 EMS 体系标准，比较出名的是 ISO 14001。从本质上说，当一个公司在其 CP/P2 项目上套入 EMS 体系时，这个公司便具备了污染治理的积极立场。与那些在个案基础上解决废物及不合规问题的公司相比，将 EMS 体系和 CP/P2 项目结合起来，识别产生废物、违规、损失、低效率的原因，着重替代方案确立，可以系统的减少上述现象的发生。

第六节　初始环境评审

一、概述

初始环境评审（IER）的主要目标是获得必要信息来推进项目和实现 EMS 的进程，并识别早期储备、违规和负债。这是通过如下几点实现的：

（1）根据项目的要求，评审公司的政策、目标和对象。

（2）识别现有的负债、违规领域以及现场和公司都需遵守的法律要求。

（3）识别"早开始"方案和生产规划。

（4）通过收集评审数据和管理安排来识别差距，并提供改进的数据和监控管理系统的建议。

（5）识别必要的信息和数据需求，这在对废物、低效现象、损失和污染进行量化的初始阶段是很有必要的。

一旦数据被收集和组织后，就可以获得以下几点：

（1）可以得出资源使用和环境效益未来的改进基准。

（2）可以得出过去和当前的资源使用、公司的环境效益、使用地点以及典型的优秀实践过程几者的基准。

（3）理想情况下，公司或场地存在的资源浪费会以完整的流程图形式体现。

由于 IER 将对其余项目起指导作用，因此由具有丰富经验和专业背景的人来执行它并保证它的客观性是至关重要的。

IER 评审为企业活动的环境问题提供了一个广阔前景，可以对规划修订的初期提供相关信息。这样客观的评审，其主要目标是获取必要的信息以推进 EMS 体系更好地识别早期储备、违规和负债。

二、IER工具包

当进行初始环境评审时，下面的法律和尽职调查合规清单和 IER 审计问卷可以用来作为识别环境因素的基础。读者可以修正这个问卷以选择适合他们自己的工厂。

法律和尽职调查合规清单

1. 许可和授权

- ☐ 建造或改造新的或现有的厂址、工厂和装置。
- ☐ 雨水排放许可。
- ☐ 国家污染物排放削减（NPDES）许可。
- ☐ 公共污水处理设施（POTW）许可。
- ☐ 空气排放许可。
- ☐ 地下储油罐（注册）。
- ☐ 对第五个小标题的许可。
- ☐ RCRA 许可。
- ☐ 风险沟通和知情权的培训。
- ☐ 社区应急规划和响应。
- ☐ 拟合呼吸系统检验项目。
- ☐ 职业安全与健康标准项目（OSHA），例如安全挂牌标识等。
- ☐ 40 小时的 Hazwopper 训练。

在下方列出文档不完整及正在开发的地区情况：

_____

_____

_____

_____

_____

2. 尽职调查检测报告

- ☐ 风险沟通培训记录。
- ☐ 拟合肺呼吸测试。
- ☐ 工业卫生和医疗监测记录。
- ☐ 泄露应急预案文档。
- ☐ 应对空气污染控制的预防维护文档。
- ☐ 雨水处理设施的预防性维护文档。
- ☐ 废水处理的预防性维护文档。

☐ 烟筒的测试文档。

☐ 工业卫生空气监测。

☐ 事故报告记录。

☐ 泄漏事故报告记录。

☐ 雨水监控记录。

☐ 臭气及其他投诉记录和公司反馈。

3.规划图表

☐ 现场规划需要列出建筑平面图、油罐、开放式储存设施，以及其他重要的设备和设施（包括场地边界上的）。如果需要，应列出厂区内水资源保护区域以及噪声敏感性等级，让周边地区人们知晓。

☐ 附近地区的地图（市或区的级别），需要标出厂区位置及其靠近的城镇、河流、湖泊等。比例尺为 1：（1000 ~ 5000）。

☐ 厂区的普通照片及其航拍照片。

☐ 对厂区气体及污水系统的规划；详述目的、年限以及材料的使用。

☐ 地上水槽设施及储存能力的规划及其特点（例如，双层墙、防护结构、技术数据、安装日期、批准时间及最后的检验）。

☐ 废物处理程序或废物及其处理程序列表。

☐ 特殊废物及其相关处理程序列表。

☐ 污染物和有毒物质采购及库存统计。

4.检验、报告及合同

☐ 环境影响评估报告。

☐ 场内或场外的土壤分析报告、土壤实验室检验报告。

☐ 地下水监测数据和登记。

☐ 物质流分析。

☐ 废水分析。

☐ 噪声监测报告。

☐ 大气排放监测报告。

☐ 废水处置和运输合约。

☐ 官方的通信副本（例如，环境保护署）。

☐ 事故总结报告。

☐ 投入—产出和生命周期评估。

☐ 保险公司或顾问的风险分析。

☐ 官方或其他部门的事件记录副本（包括内部报道）。

5.内部程序

☐ 内部安全程序。

☐ 对污染物的内部指令和指导方针等（例如，氯氟烃、石棉、多氯联苯等）。

☐ 应急预案和事故调查文档。

IER审计问卷
第一部分 水资源

1.消耗

(1) 公司水的供应来自于哪里？考虑所有来源（例如，公共供水、地下水、湖泊）。

(2) 公司用水每立方米单价是多少？

(3) 公司供水是否会由于特殊的气候条件受季节限制，例如干旱洪水等？

(4) 公司每年需要提取多少立方米的水？请根据水的来源进行分类。

(5) 每年消耗多少立方米的水？

(6) 公司如何将水输送到设施中？

(7) 在贵公司用水之前，是否有设备监控水源的质量？

(8) 根据使用情况，是否可以计算出设备用水量（例如，过程用水及清洁用水的体积等。用总体积分数表示）？

(9) 是否定期对耗水量水平进行测量和记录？

(10) 各个设施是否具有对消耗水的体积和质量的测量和记录程序？如有，这些程序是什么？

(11) 在使用过程中，水资源可能会与哪些污染物质接触到（如消毒剂）？

(12) 贵公司是否制订了处理水污染物的流程？如果有，都是什么？

(13) 贵公司排放水之前是否有对其进行再利用的流程？

① 再利用水的体积有多少（m^3/a）？

② 这些再利用水占总消耗量的百分比？

③ 为什么对水再利用？

④ 贵公司是否有一些措施来降低水资源的消耗？如果有，这个确定的方法是最佳的清洁技术方案吗？

⑤ 这些措施是否已经实施？如果已经开始，这些措施有哪些？是否对其实施后的结果进行记录，并对其使用效果进行评估？

2.废水

(1) 厂区相关设施的体积和废水类型是否有历史记录（m^3/a）？

(2) 厂区中所有废水处理设施的具体位置是否都可以查到？

(3) 厂区的废水类型有哪些？每年产生的废水有多少（m^3/a）？请将其按不同类型分类。

(4) 厂区每一种废水的起源是什么（例如，冷却、清洁）？

(5) 废水的哪些物理性质、化学性质和生物性质需要定期监测？

(6) 排放废水之前是否有对废水进行监测？

(7) 废水中污染物的浓度是否定期测量和记录？如果测量，多久测一次？

(8) 所有污染物质的数量是否测量和记录？

(9) 在用的废水污染和废水质量测量的方法和设备有哪几种？

（10）是否对公司废水污染测量设备定期进行检定，以确保其正常运行？

（11）程序的开发需要考虑以下几点：

① 监测并测量废水污染物的含量和质量。

② 记录这些测量结果。

③ 使用并检查废水测量设备。

④ 都有哪些程序？

（12）不同类型的废水需要排放到哪里？

（13）该地区混入废水后的水资源可以用来做什么（例如，饮用水供应、农业、休闲活动）？

（14）程序开发时是否注意到废水的处理？如果注意到，这些程序有哪些？

（15）贵公司废水排出后是否会有设施对当地的水质进行定期监测？

（16）减少厂区废水产生、降低或消除废水污染确定的措施有哪些？

① 哪一项已经实现？

② 实施这些措施后，是否有记录或对其效果进行评估？

3. 废水治理

（1）现场是否有废水处理设施？如果有，处理量是多大（m^3/a），处理的废水占总废水的百分比是多少？

（2）每种类型的废水应该选用哪些过程来处理？

（3）对于内部废水处理有哪些程序？如果有，都是什么？

（4）在贵公司废水是否再利用？如果有：

① 每年有多少立方米废水再利用，占总废水的百分比为多少？

② 处理过的废水有何用途？

③ 废水处理后会排放到哪里？

④ 处理过的废水排出后，是否会对该地区的水质进行定期监测？

（5）是否与外部公司有处理或排放废水设施的合同？如果是这样：

① 这些公司是否满足环境的需要？

② 这些需要有什么？

③ 为了处理和排放这些废水，废水都运输到哪里？

（6）是否对现场处理设施进行定期检查，以确保其正常工作？

（7）废水是否排到与污水处理厂相连的公共下水道中？如果是这样：

① 排废（每立方米每年）需要花费多少？

② 预处理是做什么？

③ 废水是如何监测的？

④ 由谁来执行监测？

（8）废水的主要监测和控制参数有哪些？请列出每个污水参数，并提供报告和测量值的范围？

（9）废水是否用于任何现场的土地利用？如果有，每年的花费有多少，它们的目的何在？

（10）在过去是否有水污染意外事件的记录，例如泄漏或意外排放到下水管道或土地中？

① 过去的意外产生的原因是什么?

② 过去的意外对环境和人类造成什么影响?

③ 为了防止此类事件再次发生,需要采取什么措施或过程?

(11) 如果公司使用的材料意外排放到自己的水系统或自然环境中,会产生什么影响?

(12) 一旦发生此类事件,需要采取何种预防措施来隔离废水(例如,泄漏、溢出)?

(13) 一旦设施发生水污染意外,应采取哪些应急措施?

4.成本和节省

(1) 是否了解所有相关的成本:

① 水资源的消耗(例如水费)?

② 内部废水处理(例如在处理设备上的投资)?

③ 外部废水处理(例如外部公司提供的服务成本)?

(2) 通过减少或消除水资源的消耗、排放或污染,设施是否会明确潜在的或确定的成本节约(例如减少水的费用)?

(3) 排放到污水处理厂下水管道的费用(m^3/a)?

(4) 是否了解各设施使用现场处理或预处理手段的成本?

(5) 提供已经确定的成本和节省的清单。

第二部分 土壤和地下水

1.作用

(1) 公司在开始编译土壤和地下水潜在污染源之前,是否了解现场相关的操作历史?

(2) 是否知道一旦土壤和地下水受到污染,需要检测什么物质?

(3) 是否对土壤和地下水进行分析,以便检查厂区地下或周边的污染情况(无论是公司内部还是公司外部)?如果是这样,这些分析的结果是否有记录?

(4) 厂区地下或周边土壤或地下水是否被检测受到污染?如果是这样:

① 是否知道污染发生的日期以及发生的原因(在现场开始进行活动之前或之后)?

② 是否对土壤和地下水的污染情况进行定期的检查(同时包括公司内部或公司外部)?

③ 是否了解针对不同种类的土壤和地下水污染,需要采用不同的设备测量?

④ 公司对土壤和地下水测量的设备是否进行定期检定,以确保其正常工作?

(5) 程序的开发需要考虑以下几点:

① 是否对土壤和地下水含量进行分析?

② 是否对这些分析结果进行记录?

③ 是否使用或检查土壤和地下水污染测量装置?如果是这样,这些程序是怎样的?

(6) 现场所有地面是否都采用防渗措施,以防土壤和地下水污染(例如化学品储存区域)?如果是这样,所有地面是否都是防渗的?

(7) 如果这些设施建立在垃圾填埋区,是否针对负荷满载,制订了管理方案和补救计划?

2. 处理

（1）公司在厂区周边和地下，是否已经采取行动对污染的土壤或地下水强制进行修复或消除。

（2）是否对实施这些测量的结果进行记录，并评估其效果如何？

（3）是否采取修复，花费是多少？

（4）是否有一些正式的设施已经关闭？如果存在，原因是什么？

（5）这些补救措施的花费有多少？

3. 意外的发生

（1）是否对设施过去的土壤或地下水意外污染事件进行记录？

（2）这些意外发生的原因是什么？

（3）在过去发生的意外事件中，环境和人为因素分别有哪些？

（4）为了减少或消除这些意外事件，防止其再次发生，采取了哪些测量手段或程序？

（5）一旦发生土壤或地下水污染意外事件，应采取何种紧急程序？

（6）设施是否有书面的泄漏响应及预防计划？

4. 成本

（1）是否了解对土壤和地下水污染的预防、补救和消除所需花费的成本？

（2）将你所了解的成本列一个清单。

第三部分　大气排放和气味

1. 作用

（1）现场由于生产活动引起的大气排放和气味是如何受环境和地理因素影响的（例如，暴露在下风口）？

（2）在过去，各设施是否对由现场设施操作引起的排放、废气和尘埃进行记录？

（3）现场生产活动的库存是否会产生气味问题？

（4）是否了解应该对设施的哪些空气污染物质进行监测？

（5）是否可以定位设施上所有的大气排放和气味排放点？

（6）是否能够确定设施产生这些排放的起源（例如，加工过程使用的材料）？

（7）现场活动中产生大气排放的种类是什么，数量有多少？请将排放种类进行分类。

（8）这些排放对员工健康、环境以及厂区周边居民会产生何种影响？

（9）是否对排放的环境污染物进行定期的测量和记录？

（10）是否在使用挥发性有机化合物（VOCs）加工的产品或加工过程中存在易挥发有机化合物溶剂的排放？

（11）是否了解针对不同的大气污染物采用不同的设备检测？

（12）是否对大气排放测量设备进行定期检查？

（13）采取的程序是否具备以下几点：

① 是否对大气排放的监测和测量？

② 是否记录这些监测和测量的结果？

③ 是否使用并检查这些大气测量设备？

（14）设施有多少烟筒：

① 对于每个烟筒采取何种污染控制措施？

② 所有的控制措施都受到许可吗？哪些没有受到许可？

③ 这些烟筒的测试是否被执行？这些结果是何时产生的，都是些什么结果？

④ 烟筒的监测是否一直在继续？如何继续，采用的是何种监测，是如何监测的？

（15）对于减少或消除大气排放和气味的测量是否有确定的方法？如果有，哪些是最佳的实践和清洁技术？

（16）这些措施已经开始实施了吗？如果已经实施，这些措施是什么？是否对测量结果进行记录，并对其产生的效果进行评估？

2.处理

（1）在废气排放到大气之前，贵公司在现场是否有一些处理废气的设施（例如，灰尘过滤器）？如果有，针对各种排放应采取哪种设施？

（2）这些控制手段是否被允许？

（3）对每个点源的控制允许更新的日期是什么？

（4）是否了解现在可用不同种类的处理或减少空气污染的清洁技术？

3.意外的发生

（1）在过去库存是否发生过意外大气排放？

（2）过去意外排放发生的原因是什么？

（3）过去这些事件对环境和人类造成了什么影响？

（4）为了减少或消除此类事件再次发生的影响，应采取何种测量方式和措施？

（5）装置操作中发生的污染物质外泄的意外事件会对环境造成什么影响？

（6）对待大气污染意外事件应采取何种应急预案？

4.成本

（1）是否了解减少或消除大气排放所需花费的成本（例如，过滤器的安装）？

（2）空气许可证续签需要花费多少？

① 这些花费包括哪些管理和劳动？

② 会不会产生额外的成本？

（3）请列出已知的成本需求。

第四部分　噪声和振动

1.影响

（1）贵公司对操作中噪声和振动的等级是否进行了审计？

（2）现场活动中产生的噪声和振动有哪些种类？

（3）附近的居民是否会抱怨贵公司生产活动中产生的噪声？如果有，这些抱怨是什么？

（4）是否对污染源产生噪声和振动的等级进行定期的监测和记录？

（5）是否了解测量噪声和振动等级设备的不同种类？

（6）贵公司使用的用于测量噪声和振动等级的设备是否进行定期检验？

（7）是否有确定的减少或消除噪声和振动污染的措施（例如，隔离的住所、在夜间停止发货）？如果有，哪些是最佳实施方式？

（8）这些措施是否已经实施？如果已经开始，这些措施有哪些？其结果是否被记录？其结果的有效性是否被评估？

（9）对这些噪声的控制采取了哪些工程措施？

（10）对这些噪声的控制采取了哪些特殊的管理工具？

（11）为保护工人的听觉，提供了哪些特定的个人防护装备（PPE）？

（12）公司是否为员工进行身体检查，以便检查其听力损失？多久检查一次？检查结果会告知员工吗？

（13）公司会对员工预防听力损伤而进行培训吗？是否有培训记录？

2.意外

（1）公司对员工或周围居民难以忍受的噪声或振动等级的意外事件是否有记录？

（2）过去发生这些意外的原因是什么？

（3）过去发生的这些意外对环境和人类产生了哪些影响？

（4）公司为确保此类事件不再发生采取了哪些措施或程序？

（5）如果噪声或振动达到了一个不可忍受的等级，应采取何种应急程序？

（6）员工是否了解这些平均值（TWA）以及极限值（TLVS）？

3.成本

（1）公司是否了解减少噪声和振动污染所产生的成本（例如，安装隔音墙）？

（2）请列出您知道的相关的成本。

第五部分 能 量

1.消耗

（1）对过去活动中能量消耗的数量是否有记录？

（2）贵公司是否确定现场哪些地方会有能量消耗？

（3）操作活动中会消耗多少能量（kW · h/a）？

（4）贵公司使用能量的种类和数量？可再生能量、不可再生能量、外部供给能量、自产能量这些不同类型能量的区别（液体单位为 m^3/a，气体单位为 kW · h/a）？

（5）每个操作单元、每个员工会消耗多少能量？

（6）能量的消耗占总能量的百分比（例如，75%天然气、25%电力）？

（7）是否能清楚地说明在贵公司生产中能量消耗来源以及百分比（加工过程中消耗的能量、加热）？

（8）是否定期会对能量消耗进行测量和记录？

（9）贵公司是否有热量回收设施（例如，从焚烧装置中回收热量）？如果有：

① 有多少能量可以被回收？

② 这些回收的部分占总消耗的百分比？

③ 这些回收的热量可以用来做什么？

（10）为了减少能量消耗是否有确定的措施？如果有，这些措施中哪些是最佳的实践方案和清洁技术？

（11）这些措施是否已经实施？如果已经开始，这些措施和实施的结果是否被记录，并评价其有效性？

（12）用于提供能量的不同燃料来源有哪些？是否可以预估每种来源每年可以产生多少能量？

2.影响

（1）能量消耗是否会产生大气排放（例如，二氧化碳）？

（2）这些排放是否定期进行测量和记录？

（3）是否了解不同种类的能量消耗产生的排放，应采用不同种类的设备进行测量？

（4）贵公司对于能量消耗产生的排放使用的测量设备是否进行定期检验？

（5）是否存在一些与能量使用来源相关的监管问题？如果有，是什么？

3.意外

（1）贵公司对自己能量设施发生的意外是否有记录（例如，破碎的恒温器导致过热、爆炸的锅炉）？

（2）过去发生这些意外的原因是什么？

（3）过去发生的这些意外对环境和人类产生了何种影响？

（4）为防止此类事件再次发生，应该采取何种措施或程序？

（5）一旦发生能量设施相关的意外，应该采取哪些应急程序？

4.成本和节省

（1）贵公司为能源消耗每年需要花费多少？

（2）贵公司是否可以追踪到随着时间推移，能源账单的变化以及产生变化的原因？

（3）贵公司是否了解为减少能源消耗需要付出的成本（例如，安装新的加热系统）？

（4）贵公司是否了解能源效率会产生潜在的或确定的成本的节约？

（5）请列出你所知道的相关的成本和节省。

第六部分　废　　物

1.废物的产生

（1）过去公司是否对生产过程中产生的废物的数量和种类进行记录？

（2）现场活动产生的废物有哪些类型？

（3）所产生的废物的体积是否定期测量和记录？

（4）每年会产生多少吨固体废物？请将不同类型的废物进行分类。

（5）是否其中一些废物可以定义为危险有害废物？如果是，是哪几种？为什么？

（6）这些设施作为大型、小型或免除 RCRA 立法，是否被许可？

（7）公司每年会产生多少吨危险有害废物？请根据废物的种类进行分类。

（8）产生废物的来源是什么？

（9）工厂是否会回收或再利用其产生的废物？如果是这样：

① 哪些废物类型以及数量可以被再利用？

② 再利用的废物占总量的百分比？

③ 再利用的材料有哪些用途？

（10）是否对减少及消除废物或再利用废物采取一些确定的措施？如果有，最佳的实践活动和清洁技术有哪些？

（11）这些措施是否已经开始实施？如果已经开始，这些措施有哪些？是否被记录？其效果是否被评估？

2. 处理和储存

（1）工厂生产过程中是如何收集及储存不同废物的？

（2）贵公司是否可以清晰地确认废物收集和储存的具体位置？

（3）储存容器储存哪些东西？是否被明确地标出？

（4）储存设施是否被定期检验，以保证其标签是完整、正确的？

（5）收集和储存不同类型的废物需要引入哪些程序？

（6）处理危险有害废物需要引入哪些程序和指令？

（7）在丢弃之前，是否对危险有害废物进行特殊的储存处理？

（8）贵公司是否使用任何形式的电子废物追踪系统来追踪储存或丢弃的废物？

（9）桶是存放在托盘上吗？

（10）是否有一些特殊的书面程序来管理腐蚀和泄漏的桶？

（11）多久对腐蚀和泄漏的桶进行检测？

（12）是否存在与现场废物储存相关的空气排放问题（例如，空气中的尘埃）？

3. 处理

（1）贵公司对废物材料是否会采用一些内部的处理或预处理措施？如果有，其过程是什么？

（2）贵公司是否了解对待不同种类的废物需要使用不同的方法？

（3）贵公司是否在处理或预处理过程中回收一些材料？如果有：

① 哪些材料可以被回收？数量是多少？

② 这些回收的材料有何用途？

（4）为了处理这些不同类型的废物是否引入了一些程序？如果有，这些程序有哪些？

（5）贵公司是否与外部的垃圾处理公司签协议进行相关处理？如果有，这些公司是否符合环境的要求？

4. 清理

（1）不同类型的垃圾是如何进行清理或处理的？

（2）是否有正当的渠道来处理每类垃圾？

（3）一旦垃圾离开厂区将最终到哪里去？

（4）一些废物材料是否在外部进行回收或再利用？

（5）是否会直接给供应商返回一些废物？如果有，是否了解这些供应商是否会回收或再利用这些废物？

（6）处理不同类型的废物是否引入了一些相关的程序？如果有，都是什么？

（7）对危险有害废物的清理是否有记录（例如，货物追踪码）？

（8）危险有害废物是否在运输中有正确的密封和标识？

（9）废物清理过程中是否采取一些处理或稳定化的措施？如果有，请描述一下。

（10）这些废物是否具有可燃性？

（11）这些废物易燃吗？

（12）这些废物具有腐蚀性吗？

（13）这些废物有毒吗？

（14）这些废物是否以垃圾渗滤液的形式进行分类？

（15）是否采取一定的设施追踪废物性能随时间的变化？

5.意外

（1）是否会对废物接触、储存、处理或消除过程中发生的意外做设施维护记录？

（2）过去发生这些意外的原因是什么？

（3）过去发生的这些意外对环境和人类产生了何种影响？

（4）为确保此类事件不再发生，需要引入何种措施或程序？

（5）在废物接触、储存、处理或消除过程中如果发生此类意外，需要采取何种应急措施？

6.成本和节省

（1）贵公司是否了解在哪些地方产生成本：

① 废物消除（例如，收集费用）？

② 内部垃圾处理或预处理（例如，处理设施的投资）？

③ 外部垃圾处理（例如，支付给垃圾处理公司的花费）？

（2）是否了解在减少、消除或回收废物的过程中产生的潜在或确定的成本节省（例如，减少废物清除的费用）？

（3）请列出你所知道的相关成本和节省。

第七部分　原　材　料

1.原材料和加工材料

（1）过去是否对工厂使用的原材料和加工材料的种类和数量进行详细记录？

（2）目前使用的原材料和加工材料有哪些类型，分别有多少？

（3）是否对这些材料的维护费用和起源进行记录？

（4）贵公司使用的原材料和加工材料由哪些材料组成？

（5）贵公司是否对不同类型的材料用编码或分类系统进行分类？

（6）如果贵公司使用的材料中包含危险有害物质，是否已经对其做出标记？

（7）贵公司是否对已经购买、储存、使用、运输的危险有害化学品进行注册？

（8）生产贵公司所需的原材料和加工材料会对环境有何影响？

（9）购买原材料和辅助原料是否有采购指南？如果有，它包括什么环境标准（例如，购买生物降解的清洁产品）？

（10）贵公司采购材料的供应商是否符合特殊的环境要求？如果有，这些要求是什么？

（11）贵公司从开始购买原料到消除废物的整个过程，对危险有害材料的使用是否遵循相关条例？

（12）减少或消除使用材料的数量是否已经有确定的措施？如果有，这些措施是什么？

（13）原材料和加工材料的储存是否根据材料种类的不同进行，是否有清晰的标识和装备（例如，消防设施）？

（14）危险有害材料是否按照规定进行管制？

（15）这些措施是否已经实施？如果有，是否对实施的结果进行记录，并评价其有效性？

2.中间产品和办公用品

（1）贵公司是否对中间产品和办公用品的种类、数量、成本进行维护记录？

（2）购买这些商品是否有一些指南？如果有，它包括哪些环境标准（例如，经常购买回收纸张）？

（3）这些商品的供应商是否符合环境的要求？如果符合，这些要求有哪些？

3.包装材料

（1）在投递和储存原材料、加工材料、中间产品和办公用品的过程中使用哪种包装材料，其数量有多少？

（2）这些材料是否包含一些有毒有害物质？

（3）当决定使用一种包装材料时，是否符合环境标准？如果符合，这些标准是什么？

（4）是否已经有了一些措施来减少或消除包装材料在投递和存储材料、中间商品、办公用品过程中使用的数量？

（5）这些措施是否已经实施？如果有，是否对实施的结果进行记录，并评价其有效性？

4.成本和节省

（1）贵公司是否对材料、中间产品和办公用品相关的成本有所了解？

（2）贵公司是否了解一些减少、消除或替代材料、中间产品和办公用品的措施会带来多少潜在的或确定的成本上的节约？

（3）请列出你所了解的相关的成本和节省。

第八部分 产 品

1.设计

（1）是否有相关环境标准应用于贵公司现有的产品设计过程？如果有,这些标准是什么？

（2）是否有相关环境标准应用于新产品的开发过程（例如,产品具有可重复利用、可回收、拆分容易等特点）？如果有，这些标准是什么？

（3）贵公司员工是否对环境或生命周期工具比较熟知或受过培训？

2.包装

（1）贵公司的最终产品在储存、包装、运输过程中对使用的包装材料的种类是否有详细目录？

（2）贵公司的最终产品目前所使用的包装材料是什么类型，用了多少？

（3）这些包装材料是否含有毒有害物质？

（4）在选择包装材料时是否应用了一些环境标准？如果有，这些标准是什么？

（5）贵公司产品包装材料中使用可回收或再利用的材料所占比例有多少？

（6）买家购买贵公司商品后是否会将产品包装返还给公司？

3.使用

（1）当使用贵公司的最终产品时，是否了解其对环境的影响？

（2）在使用过程中是否提供给客户最小化环境影响的相关信息？

4.清理

（1）贵公司用过的产品和包装会清理到什么地方？

（2）贵公司是否会给客户提供一些产品的清理指南？

（3）在产品使用周期最后阶段，用户是否会将贵公司的产品返回？

（4）贵公司是否具有对所有或部分回收回来的产品或包装进行回收或再利用的能力？如果有，会被再利用的产品有什么用途？

5.成本和节省

（1）贵公司是否了解关于成本的以下几点：

① 设计的产品是否会减少其对环境的污染？

② 是否会在制造产品的过程中减少、消除或使用替代材料？

③ 是否会在产品外包装材料中减少、消除或使用替代材料？

④ 是否在产品生命周期的后期，进行收集、回收及再利用？

（2）贵公司是否了解以下过程产生的潜在的或确定的成本上的节省：

① 减少设计出来的产品对环境的影响？

② 在制造产品的过程中减少、消除或使用替代材料？

③ 在产品外包装材料中减少、消除或使用替代材料？

④ 在产品生命周期的后期，进行收集、回收及再利用？

（3）请列出你所了解的成本和节省。

第九部分　物　流

1.影响

（1）贵公司使用的交通运输种类及其目的何在（例如，重型车辆主要用于运输原材，铁路主要用于运输终端产品）？

（2）贵公司是否了解所使用的交通工具中燃料的效率和排放标准？

（3）如果贵公司使用外部投递或分派公司，是否考虑其服务对环境造成的影响？

（4）贵公司对减少货物运输过程中产生的环境影响是否有一些确定的措施（例如，使用其他类型的运输方式、使用低排放的工具）？

（5）这些措施是否已经实施？如果有，是否对实施的结果进行记录，并评价其有效性？

（6）是否使用水来清洗和维护所使用的交通工具？需要多少水？是否使用了一些高效利用水的技术和活动？

2.成本和节省

（1）贵公司是否了解减少或消除物流对环境的影响需要多少成本（例如，购买燃料效率更高的物流卡车）？

（2）贵公司是否了解减少或消除物流对环境的影响采取的相关措施会节省多少成本？

（3）请列出你所了解的成本和节省。

参考文献

[1] Cheremisinoff N P, Bendavid-Val A. Green Profits: A Manager's Handbook to ISO 14001 and Pollution Prevention. Oxford: Butterworth-Heinemann Publishers, 2001.

[2] Henry F. Habicht II, Memorandum: EPA Definition of Pollution Prevention. Washington, DC: U.S. Environmental Protection Agency, May 28, 1992.

[3] ASTM E50.03 Subcommittee on Pollution Prevention, Reuse, Recycling and Environmental Efficiency, Standard E50.03.1: Guide for Development and Implementation of a Pollution Prevention Program, working document, January 24, 1994. The standard is available from the ASTM Customer Service Department by calling (215) 299-5585.

[4] U.S. EPA, Pollution Prevention 1991: Progress on Reducing Industrial Pollutants, EPA 21p-3003. Washington, DC: Office of Pollution Prevention, U.S. EPA, October 1991: 6–7.

[5] Henry Freeman, et al. Industrial Pollution Prevention: A Critical Review. Journal of Air and Waste Management 1992, 42 (5) : 619–620.

[6] Rocla Concrete Tie, Inc. (Bel Air, MD)

第三章 清洁生产与环境管理体系相结合

第一节 简 介

在 ISO 14001 环境管理体系标准的要求中，政策引导污染防治（P2）或清洁生产具有最优先权。在环境管理体系精神要求的范围内，认识到管道末端处理技术、实践和处理污染废物的方法及低效率倾向于以下三点：

(1) 改变废物处理的介质、方法和位置。

(2) 在清理和废物处理过程中，消耗更多的能源和其他资源。

(3) 增加生产的成本。

此外，除非废物被完全固化或销毁，清洁处理永远是一种责任。无论废物是否是一种公认的目前不受监管的危险物质，都没有多大区别。回顾一下第一章的部分诉讼案例，像洛克希德马丁公司当然可以申诉，1956 年雷德兰的工厂成立时，并没有依法强制执行的环境标准，这些标准可引导企业开展废物处理的方案和技术，依靠其管理废弃的高氯酸铵（火箭推进剂燃料成分）。但是，几十年后，当重视健康效应后，公司不仅要承担污染地下水整治的费用，而且还面临着一类有毒侵权行为的行动。

相比之下，像 ISO 14001 定义部分所表明的，污染防治在改善环境影响的同时减少不利的环境影响，同时提高生产效率和降低成本，由于在源头上减少或消除了污染，相应责任也减少。实际上，大部分环境效益及经济效益可减少环境责任的风险，因此，环境管理体系的可持续性利益来自污染防治及其产生的投资机会。在更广泛的范围内，清洁生产是一种简单的、智能化的商业意识，因为整体重点不是广义形式的浪费或污染，而是意味着高效率。一个企业的效率越高，生产力就越高，因此利润越高。

总之，没有污染防治或清洁生产核心，就没有这样一个有意义的环境管理体系。尽管如此，环境管理体系的指导文件通常不能提供指导如何识别和评估企业污染防治的机会。而且，事实上，我参观了一些甚至有正式的 ISO 14001 认证的设施，但其污染防治/清洁生产的方案也不是专门制订的。在这种情况下，环境管理体系本身低效率运作，从而解释为什么这些公司仍受到竞争对手的威胁，未优化自己的生产成本，并不断出现违规问题。

本章是从以前的出版物中摘取的，对环境管理体系/污染防治结合的计划方案进行了说明。当环境管理体系与清洁生产/污染防治充分结合后，环境管理体系即可实现更快、更有效地工作。

第二节 污染防治与环境管理体系之间的联系

污染防治/清洁生产不只是一个概念、一种思想、一种方法，还是一种心态。相反，污染防治/清洁生产需要详细的分析步骤和规划，且这些规划要结合严谨的方法和一套工程管理及生命周期成本核算的工具。诚然，你可以在车间走动，确定许多污染防治的内务管理和相对较低成本的投资机会，如阀门漏水，不必要的灯光，绝缘性差的热损失，内部可以回收的材料，自动化控制可以减少的废弃物，无效的蒸汽疏水阀等。但为了确定大件污染防治的机会，这些机会导致主要生产过程高效并降低成本正确评估这些机会，从金融底线的角度来看，作为一个投资计划，要比较评估它们，并制定相应策略，需要制订深思熟虑的计划，在持续改进的基础上完成此计划。该方案的结构组成如图3-1所示。

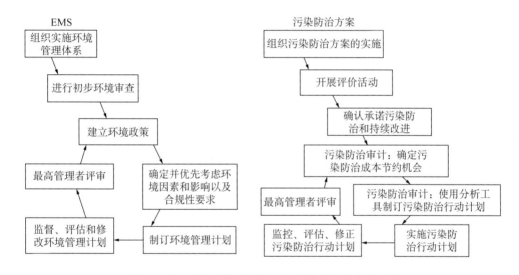

图3-1 逐一比较环境管理体系和污染防治的持续周期

污染防治/清洁生产方案包括3个步骤，首次设置需要以下3个步骤：

步骤1：组织到位的计划。

步骤2：基本生产过程信息的采集与解释。

步骤3：确认最高管理层对防止污染和实施清洁生产技术的持续改进的承诺。

方案一旦实施，重点是保持持续改进计划。综合来看，这些步骤相当于采用良好的计划检验行为管理系统的模型。

环境管理体系和污染防治/清洁生产方案相似的结构使得有可能将污染防治方案与环境管理体系相结合。当这样做时，污染防治/清洁生产单纯被认为是环境管理体系的主要业务组成部分。而不仅仅审视合规情况和公司的运营环境方面，而且要寻求改进方法，也可以专门系统地寻找高回报的污染防治机会，从一开始就这样并持之以恒地坚持下去。环境管理体系与污染防治方案的结合比传统的环境管理体系更多、更好、更快地降低经营成本和环境责任的风险。早期节约的主要成本有助于金融投资，进一步促进公司的业务和环境性能的改善。

现在让我们关注一下环境管理体系与污染防治相结合的项目效果如何。

第三节　环境管理体系与污染防治/清洁生产相结合

环境管理体系与污染防治相结合的模型如图3-2所示。在这种方法中，承诺及资源放在环境管理体系与污染防治部分，在环境管理体系实施过程和持续改进周期前面。此外，结合的模型具有一些特点，使其比传统环境管理体系模型更敏感，如ISO 14001，对于后9·11时期公司高度关心的环境问题、安全、突发事件，以及对于企业责任和利益相关者日益增长的兴趣。熟悉ISO 14001的读者会认识到，图3-2中集成的环境管理体系/污染防治模型的总体流程与典型的环境管理体系相同，但不完全一样。

像传统的环境管理体系一样，集成的环境管理体系—清洁生产/污染防治方案的第一步是建立承诺、责任意识和初始范围。图3-2中方案模型的元素，显示了一个公司可能承担的许多可能的初始组织活动中的3个最关键的活动。

初始环境和污染防治评审是环境管理体系—清洁生产/污染防治方案与环境管理相关的初始环境审查。公司实施早期环境评估，建立关于环保及性能的底线，并开发有助于将环境管理体系置于合适位置的规划步骤的相关信息。通常情况下，早期的环境评估在某种程度上未开发有助于规划污染防治方案的信息。这是因为至少类似于ISO 14001的环境管理体系，起始于公司环境的结合，所以初始环境评估专业以环境管理体系为导向。相反，结合清洁生产/污染防治方案的初始环境评估，除了家务管理外，起始于公司生产过程的低效率和浪费，因此，最初的数据收集需要面向初始环境评估。这可以称为初始环境/污染防治的评估。

在初始环境/污染防治评估过程中收集的一些污染防治特定信息的实例，这些信息通常在传统的初始环境评估过程中未收集，这些实例包括：

（1）单元处理的细节。

（2）单元操作及其功能的清单。

（3）基本工艺流程表。

（4）材料和能量平衡的基本数据。

（5）初步评估公司生产车间严重污染、浪费、生产力低、质量差和能源损耗的原因及源头。

通过对污染防治机会的初始环境评估，公司可以识别损失并对纠正措施开展成本激励，这些纠正措施比主要集中在合规相关问题的传统初始环境评估的措施更多，更重要，更基于过程和以数据为基础。在环境管理体系/污染防治过程中，初始环境/污染防治评估需要过程描述和使用基线。

公司应该把握现存的污染防治的机会。为什么要等待呢？因为通过初始环境/污染防治评估，公司已经确定一些污染防治的机会，即使在实施环境管理体系/污染防治方案之前，立即开始降低成本和改善环境绩效也是有意义的。当然，公司必须小心，只投资于具有明显

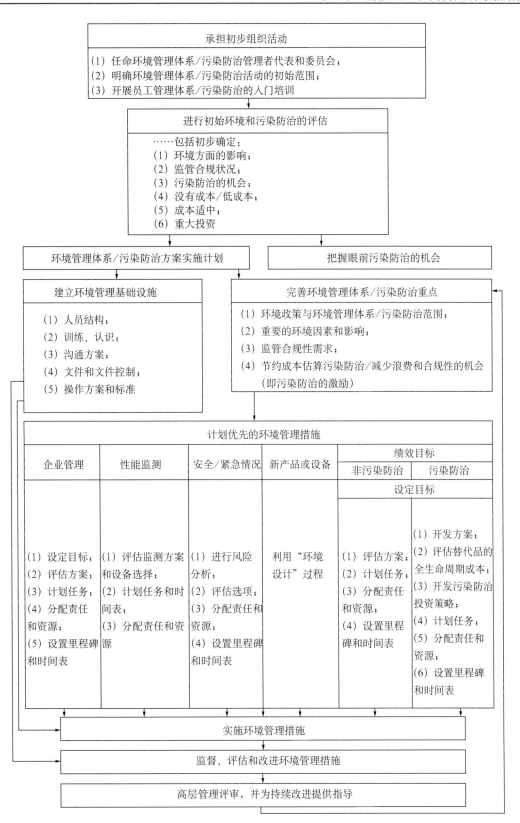

图3-2　环境管理体系/污染防治模型的结合

高回报率的污染防治机会，也可能主要投资无成本 / 低成本和中等成本的机会。后来关于环境管理体系 / 污染防治方案，公司将设计出精心考虑的污染防治的投资策略。但利用现成的污染防治的机会可以提供良好的教育和激励环境管理体系 / 污染防治方案的员工，节省的成本甚至可以补偿环境管理体系 / 污染防治方案的成本。

早期计划的环境管理体系—清洁生产 / 污染防治方案规划可以同时完成。在开展第一个具体的污染防治行动和投资活动的同时，公司计划实现其永久的环境管理体系 / 污染防治的持续改进过程。同时，如图 3-2 的左下方箭头所示，该公司正在计划建立环境管理基础设施的步骤。

团队应准备好完善环境管理体系 / 污染防治方案的重点。在此，公司完善在初始环境 / 污染防治评估期间做出的初步测定。图 3-2 左边方框相当于来自于 ISO 14001 4.3.2 中的 4.2 条款，覆盖环境政策方面及法律要求。此外，在环境管理体系 / 污染防治方案的模型中，将会扩大、深化、细化生产过程的成本估算和潜在的环境责任，以及相关的污染防治的成本节约和基于现有技术降低风险。这些将为制订公司的环境管理计划的目标提供依据。再次，传统的环境管理体系"环境因素"的方法同污染防治方案生产过程的方法相结合，与单独的环境管理体系或污染防治方案相比，会产生更强大的目标。这里的清洁生产 / 污染防治分析将涉及第二阶段污染防治审计模型的某些步骤（见第五章）。

公司需要建立环境管理基础设施。环境管理的基础设施是有组织的基础设施，意味着日常支持健全的环境措施，以及支持通过环境管理体系 / 污染防治方案生成的特定的环境管理措施。图 3-2 中的方框，相当于 ISO 14001 环境管理体系标准的 4.4 条款（执行和操作）。图 3-2 中的模型，反映了环境安全和应急准备，应是一种环境管理倡议，而不是支持部分基础设施。这就意味着，在环境管理体系 / 污染防治方案下，公司始终在寻找措施，这将有助于改善这一地区环境，因此，环境安全和紧急情况受到故意的、连续的、系统的审查。

请注意图 3-2 中计划的优先级环境管理措施方框。这是 ISO 14001 的 4.3.3 条款对应的目标和 4.3.4 条款对应的环境管理方案。通过环境管理的举措，我们精心策划活动，旨在解决公司改进的需求，已经确定、细化并优先早期阶段的环境管理体系 / 污染防治方案工作。这些举措基本上与 ISO 14001 环境管理方案相同，并且与《绿色收益》中污染防治审计模型要求的行动计划相同。图 3-2 中方框的突出之处是强调环境管理举措是环境管理体系 / 污染防治方案的核心。

在图 3-2 中，我们展示了 6 种可能类型的环境管理措施。每种类型的措施都需要其自身的规划过程，正如在每一种类型的专栏中所建议的那样。环境管理举措的类型反映了，公司的管理要确保环境管理问题的领域是其持续改进工作的重点。我们不在本书中详述图 3-2 中各种类型的环境管理措施和其独特的规划要求。

但是，这个方框右侧两列显示了措施类型。这些都是旨在实现特定性能指标的环境管理措施，顺便提一下，在 ISO 14001 和其他大多数环境管理体系里，这个唯一的环境管理方案是明确要求的。如图 3-2 所示，可以使用常规的规划过程，无论出于何种原因，必须使用非污染防治方法以达到特定的性能目标。收集通过污染防治技术实现的性能指标（最右边的列），需要进行广泛的经济分析，包括生命周期成本，并开发了一个完整的污染防治的投资策略。

投资策略可能是这样形成的，早期的污染防治投资的经济效益有助于资助后续的污染防治投资。在任何情况下，在这一点上，在《绿色收益》中展示的和第五章概述的阶段 2 和阶段 3 的清洁生产 / 污染防治审计模型中，污染防治规划工作将涉及许多步骤。

环境管理体系 / 污染防治环境管理举措的规划如图 3-2 所示，首先实施常见的步骤；然后监测、评价和修改；最后，高层管理评审并开始下一个持续改进的周期。就像 ISO 14001 一样，集成的环境管理体系 / 污染防治方案实际上并不是以离散系列元素的循环来运行，相反，它的所有元素都应该或多或少地参与运行。

这里描述的集成的环境管理体系 / 污染防治方案提供一个框架，可以容纳 ISO 14001 所有的要求，因此，可以用来推进 ISO 14001 认证（如果这是公司希望做的）。但集成的环境管理体系 / 污染防治方案产生的环境效益和经济效益比典型的 ISO 14001 环境管理体系更快，并且模型也提供了其他的优点。

第四节　环境管理信息系统的作用

读者可以理解，对公司施压使其更负责任地实行环境保护。第一章中的案例研究表明，如果主要的背后推动力不能确保良好的环境性能，行使责任确保公众安全和生命质量是不可或缺的。实际上，目前的企业根本不能不让环境管理成为公司主要业务战略的主要组成部分。强化这一观点的因素包括市场的全球化、非营利组织的压力、地方立法和全球协议、新兴的绿色供应链，以及受过良好教育和知情的公众，这些只是其中的一部分。

正如读者可能已经掌握的，环境管理体系如 ISO 14001 要求的控制和管理大量信息，并不是所有这些信息都直接影响合规性，但对环境系统的效率有影响。手动管理此系统证明效率低下，并大大限制了环境管理体系的性能。这是特别现实的，尤其是对于大型复杂的设施，如炼厂。手工文件和数据处理、归档、有效利用大量信息，这些信息对环境行动计划、政策和基础设施投资影响巨大，环境管理体系是压倒性的，可能永远无法满足日益增长的环境管理者的信息需求。因此，环境专业人士必须将重点转向智能化的解决方案，使他们能够实现信息密集型管理目标。

环境管理信息系统（EMIS）或智能化系统，是具有前瞻性思维的环境管理者工具箱中的一个重要工具。它是环境管理的重要组成部分，可以帮助环境管理者和决策者完成他们的日常任务。

环境管理信息系统是支持环境管理体系的、基于计算机的技术。环境管理信息系统支持的任务，包括跟踪活动、跟踪废物、监测排放、任务调度、协调许可文件、管理材料安全数据表（MSDS）、进行成本 / 效益分析，并选择替代材料，略举几例。目前市场上的许多基于计算机的工具，设计支持这些类型的任务，被标记为环境管理信息系统。然而，它们通常是无关的和不协调的，以特设的方式实现独立的工具。这创造了零散、混乱、冲突的看法，从而选择任何的软件包。理想情况下，环境管理信息系统应被视为更全面。管理信息系统应提升环境管理体系的目的。它应该提供一个媒介跨越物流、数据、动机、语言、文化和智慧。

为了说明环境管理信息系统如何运行来支持环境管理体系，环境管理者需要考虑成功地维护和运行环境管理体系的因素，如图3-3所示。对于一个在世界各地经营着许多工厂的公司来说，管理整个业务是一个挑战，更不用说在不同的业务部门和生产设施之间保持通信。环境管理体系的实施者都面临着管理变化的环境问题，并保证经济性。他们必须处理许多系统的输入、法律和法规方面的影响、利益相关者的需求以及类似的事务。

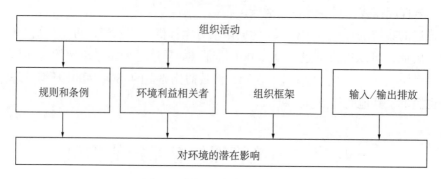

图3-3　组织活动对环境的影响

根据预先设定的企业模板，企业的环境方案管理需要使用已经建立的办公工具。通常情况下，使用办公工具的支持系统不足以连接不同地域的设施，以这种方式使管理者和决策者充分分享各自网站管理的信息。这意味着网站本身通常限制了访问信息。这使得企业总部的人员难以获得访问、跟踪性能，有效地分配资源。

环境管理体系的成功很大程度上取决于能否顺利地从中传播信息，并进行管理、中层管理和操作。信息流的类型如图3-4所示。虽然这个障碍的一部分可以克服，通过每个工厂的环境管理人员直接与公司总部的领导定期沟通，更有效的工具可以简化通信，以便决策及时。在现实中，企业需要能够在持续的、实时的基础上评估他们的环境性能。他们还必须能够快速识别新的方法来开展业务，以提高性能，同时降低潜在的环境风险。通过实施这些目标，公司能认识到新的环境目标应该如何定义和以适当的资源进行支持。他们将能够识别和创造适当的实施和培训计划，可以制订这些计划并快速提供给员工，提高后续的业绩，建立绩效流程，并实施更快速的审计，以确定符合问题。这样的活动应该使管理者做出绩效评估和决策，提升系统和更有效地监控性能。

为了实时管理多个网站和商业公司的环境问题，需要前沿的技术，可以简化环境管理过程而不影响性能。在企业层面以及不同位置上的环境领导者需要应用战略导向的技术方法，这种方法是基于健全的环境信息系统框架。这样的做法将协助公司内部的所有利益相关者：

（1）了解环境的语言及其要求。

（2）鉴定并评估与各现场操作有关的环境风险。

（3）客观地确定各环境因素的重要性，优化必要的环境管理方案。

（4）了解并保持适用的各种法律和法规，并确定必须采取的措施。

（5）对环境管理体系进行缺口分析，准备 ISO 14001 认证。

（6）在确保信息安全和用户安全的同时向所有员工发布方案。

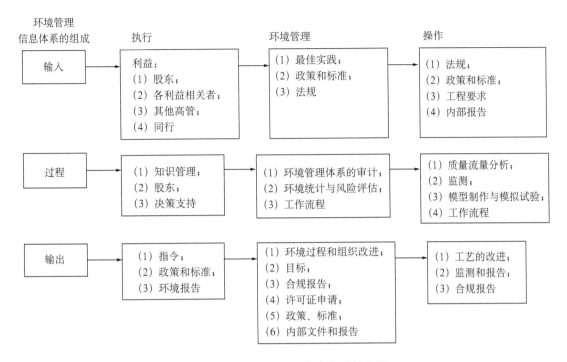

图3-4　总结环境管理信息体系的流程

（7）规划所有的环境任务，同时使员工、管理人员或公司总部进行跟进。

（8）一直监测环境方案的进展情况。

（9）管理审核不合格的，以及纠正和预防措施。

（10）访问以前的环境审计结果和绩效结果。

（11）分享从一个站点到另一个站点共同的信息。

（12）向当地社区和全球利益相关者提供宣传。

（13）整合环境、质量、健康和安全系统。

（14）支持统一培训要求。

当通过信息系统解决问题时，这个长清单是必不可少的组成部分，公司可以保持足够的灵活性，以适应变化的环境、经济和市场状况。

在业务层面，许多工具支持此活动，履行合规性和环境规划责任。这些工具通常是自身的，无关联的、特定的任务。中层管理层具有更明确的信息要求和责任，即直接支持特定的监管或废物管理和现场整治的需要。使用的工具更专注于数据管理和知识，如环境管理内部网、环境审计评估软件和管理材料安全数据表的软件。最后，在执行层面，信息要求通常没有定义。高度的信息和数据汇总，信息和数据向上汇报，即目标明确的环境审计的信息和数据。

图3-5总结了公司部署的环境管理信息系统实施的策略。图中表明了需要开发的典型的策略和利益、缺点和资源。通常，在决定信息技术方法时，公司可以采用三套环境管理信息系统设计方案，基于此方案进行成本核算。这种额外的考虑可以进一步优化环境管理信息系统的选择。

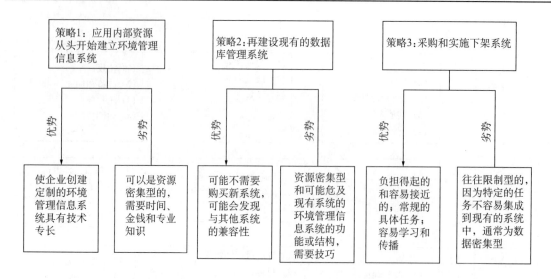

图3-5 环境管理信息体系实施的策略

环境管理信息系统的背景与其类型本身一样重要。该环境管理信息系统的设计方案见表3-1。推荐资源列表的作品清单，读者可以获得额外的信息。

表3-1 环境管理信息系统设计方案

设计选项	细节
元信息系统	该公司提供的环境和业务数据位置上的信息是可用的
虚拟数据库系统	用户通过统一的、标准化的网络或客户端—服务器接口访问和更新信息
中心数据库系统或数据仓库方法	环境数据由本公司的各种信息系统收集，并集中在数据仓库，以便它可以方便地访问需求

参考文献

[1] Fielding Stanley. ISO 14001 Brings Change and Delivers Profits. *Quality Digest*, 2000, 3（12）.

[2] *The Environmental Management Report*. New York: McGraw-Hill Book Companies, December 1998.

[3] Gunther O. *Environmental Information Systems*. Berlin: Springer Publishing, 1998.

[4] MacLean Paul, Mariela Tovar, Phyper J D. *Finding the Rigbt Solution to Human Performance Problems in Environmental Management*. October 2000. http：//www. eem. ca/francais/ publications/ISO14001/text-iso-161000-1. html.

第四章　通过环境管理体系提升竞争力

第一节　简　　介

通常，环境管理体系主要用于提高合规性。然而，除此之外，以污染防治／清洁生产为核心的环境管理体系还可以提高运营效率、提高产品质量、降低生产成本以及提高环境效益，尤其是当"质量监督团队"与"环境管理体系／污染防治团队"相互协作时。同时，集成了污染防治的环境管理体系还会带来潜在的收益，它不仅可以提高公司经济效益和环保效益的底线，也可以作为提高整个供应链效率的基础，提高部门效率，进而改善全球市场。

第二节　提高竞争力的好处

重视环境管理体系并永远保持其作为整体管理系统的一部分，会花费公司的时间、金钱以及员工的精力，是什么促使高层管理者付出这些努力呢？简而言之，经过大量案例研究以及企业年度环境报告形成的大量历史证据表明，运行良好的环境管理体系可以带来节约成本和降低风险的投资回报，更不用提改进环境效益和合规性方面的其他好处了。

毕竟，从根本上说，污染是浪费，它代表的是金钱的投入，这些金钱以一种不属于公司产品的形式离开工厂，本质上是浪费钱。更糟糕的是，从一个企业的角度来看，为满足监管标准，公司必须花费更多的钱来发现和治理污染物，这在未来的一段时间可能会成为巨大的财务负担。简而言之，环境管理体系为自己买单，通过提供一个框架，系统地识别和抓住机会，以减少污染来源、减少浪费（通过过程变化、技术变化、材料替代或其他手段），从而提高运营效率，降低金融风险。对于任何一个高级经理，认识到这些好处就足够了。

需要说明的是，因为环境管理体系的特点以及以此为基础产生的直接的经济效益和环境效益的改善，在一个组织中建立和维护环境管理体系，来源于以下至少 10 种类型的驱动力：

（1）尽量降低环境管理体系所需的操作成本。

由于环境管理体系的建立是基于广泛接受的管理原则的，它很容易与质量管理系统、职业健康和安全管理系统，以及公司整体的管理系统集成，因此只需要最低的附加成本。事实上，许多公司都有统一的环境、健康和安全管理系统（EHS）。

（2）以较低的成本改善环境效益。

由于公司的环境管理战略，环境管理体系可以使其积极主动地改善其环境效益和合规性。

环境管理战略包括预测未来可能的监管政策变化，不断识别污染防治的机会，以及寻找更低成本的解决方案等。

（3）提升企业整体管理水平和经营业绩。

环境管理体系可以促进良好的企业管理实践，这是因为通过环境管理体系，环境责任必须清楚地分配到整个组织，必须建立监测系统，必须确保可以操作控制，必须建立并控制适当的文件，必须尽量减少浪费和能源的消耗，还必须建立和维护健全企业管理的其他要素。正如许多转型经济体的公司管理者，比如中欧和东欧的公司管理者所述，实施环境管理体系帮助他们首次理顺了整体管理框架。

（4）为即将到来的环境监管趋势做好准备。

这是一个渐进的全球性的运动，基于合规性执行方式，需要高层管理者制定环境管理体系战略规划（如环境保护署国家环境效益跟踪计划，www.epa.gov）。环境管理体系运行有效的公司可以从这些新的实施办法中降低成本，并获得许多其他收益。

（5）提高长期可持续发展的前景。

因为环境管理体系通过污染防治和其他措施可以持续改善环境效益，公司贯彻执行并维持环境管理体系，就可以不断降低每单位生产能耗以及对自然资源的需求。随着资源变得更加稀缺和昂贵，这将有助于提高公司的可持续发展前景，并减少潜在的灾难性的环境责任风险。最后，有助于确保公司的业务不会因监管违规的原因被关闭。

（6）降低运营成本。

一个运作良好的环境管理系统，会不断出现废物和能量最小化的机会。因此，建立并维护一个环境管理体系的公司总是在适当的时候可以实质性降低运营成本。在许多情况下，随着时间的推移，成本年复一年不断减少，优势则逐年累积，例如在节能环保方面，在过去的20年里，增加节能或危险废弃物处置成本所带来的收益，已经远远超过了在美国及欧盟地区很多国家的平均通货膨胀。

（7）实现高回报率的资本投资。

环境管理体系系统的识别和优化加工、技术和材料替代的投资机会，提高环境效益。这些机会通常是对于污染防治和能源效率的投资，收益回报一般远远超过典型的其他类型的投资回报率。在环境责任风险降低的情况下，这些投资的财务效益更大。

（8）扩宽资本渠道和降低使用资本以及其他商业服务的成本。

贷款人倾向于具有环境管理体系的公司，因为环境管理体系表明更好的整体管理和企业可持续发展的可能性。他们倾向于首先以更优惠的利率向这些公司提供贷款。在企业兼并和收购过程中，环境调查也是其中的程序，研究表明，有环境管理体系的公司比没有的公司在股市中表现得更好，许多保险公司现在也喜欢有环境管理体系的商业客户，根据保险的性质，还可以提供比没有环境管理体系的企业更优惠的利率。

（9）提高市场准入。

政府、民众和消费者的需求日益增长，供应商也不断做出对环境责任的承诺。因此，有环境管理体系的公司的产品和服务更容易进入市场。

（10）建立更好的公共、社区和政府关系。

一个良好运行的环境管理体系鼓励对话和对外部各方关切的反应。一些环境管理体系，如欧盟生态管理和审核计划，需要积极的利益相关者的推广计划。但是，即使不是这样的情况（例如，ISO 14001 不需要推广计划），只要环境管理体系在运行，公司的利益相关者就要为环境负责。

任何健全的环境管理体系都将是有成效的，也就是说，会显著提高环境效益，提高操作效率以及降低环境风险。任何有效的环境管理体系都将会为公司带来之前所列出的所有好处。而且，当公司的环境管理体系通过 ISO 14001 认证时，往往会带来额外的收益，如扩宽资本渠道，提高市场准入，改善公众形象。由于获得 ISO 14001 认证是环境管理体系审核员正式审计的结果，因此这也是该公司拥有一个健全的环境管理体系的证明。换言之，ISO 14001 的认证也证明了公司环境管理体系的合法性。

为了获得并维持 ISO 14001 认证的好处需要付出额外的努力，目前这种做法是否值得仍然是一个备受讨论的话题。但是，截至 2002 年 1 月，估计全球有 36000 个组织都通过 ISO 14001 认证，并且无数人根据 ISO 14001 的原则设计了自己的环境管理体系；因此，许多人使用的环境管理体系的术语，与 ISO 14001 几乎是类似的。ISO 14001 是唯一的国际标准的环境管理体系，无论公司是否选择通过 ISO 14001 认证，作为基本的环境管理体系框架也是有用的。

表 4-1 列出了一个精心设计的以清洁生产 / 污染防治为核心的环境管理体系可提供的效益清单。

表4-1 以清洁生产/污染防治为核心的环境管理体系可提供的效益清单

减少成本	（1）原材料和能源成本； （2）处理和处置费用； （3）相关的劳动力成本
很多污染防治的策略，如用更安全的替代品替代有毒材料，是简单和廉价的。基于SPC方法的质量控制技术（如ISO 9000）与污染防治 /废物最小化的目标相同	（1）减少浪费和变化； （2）改善环境效益； （3）增强公众形象，对消费者更有利的企业； （4）采用绿色策略； （5）利用营销手段增加利润
提高生产力和效率	BATs（最好的技术）可以减少原材料的使用，消除不必要的操作，减少副产物，提高产量
减少监管负担	改善环境效益和达到超越合规性效益的目标是降低监管负担的方法
减少负债	（1）处理危险和有毒物质会带来高责任事故发生； （2）以安全替代品替代有毒物质，减少与不安全的环境相关的责任和成本
改善环境和健康质量	（1）有助于减少由废物产生和处理所带来的空气、水和土地污染； （2）减少工人和居民的健康风险和与污染物排放有关的环境风险； （2）节约资源和填埋空间

总的来说，可以得到如下 3 点结论：

（1）良好的环境效益同样具有良好的商业价值。

（2）消除浪费和污染可以提高竞争力并减少负债。

（3）通过重视所有浪费和效率低下，可以保护宝贵的资源，且操作具有可持续性。

第三节 绿色供应链案例研究

某公司（由于敏感性原因，具体名称隐去）拥有生产特种合成橡胶——EPDM橡胶（乙丙橡胶）的设施。EPDM橡胶用途广泛，适用于许多特殊场合：

（1）汽车部件（例如，窗户密封，密封条、发动机罩等应用的冷却液软管，以及电护套、轮胎、保险杠、发动机悬置减振器的白边）。

（2）建筑材料（例如，密封剂、弹性薄板的屋顶、填埋衬垫）。

（3）保健用品（例如，尿布、避孕套、包装材料）。

（4）电气元件（高、中、低电压和电气绝缘材料）。

（5）包装（例如，食品、药品）。

EPDM橡胶都卖到专业应用市场，因为其性能优异（如耐臭氧和抗紫外线，耐气候性好，工作温度低而且范围宽，与成本较低的填料如黏土和炭黑可形成高负荷的复合材料），所以价格高昂。

一、生产过程

主要生产步骤如下：

（1）单体和二烯随着助催化剂引入聚合反应器。采用卤化钒催化剂系统，选择的二烯是ENB（亚乙基降冰片烯）。正己烷用作制备橡胶悬浮液的烃稀释剂。

（2）聚合后，橡胶悬浮液用水淬灭（停止反应），加入抗氧化剂和稳定剂（以稳定产品）。

（3）然后输送到一个闪蒸罐，与蒸汽和热水接触，挥发出的己烷可以回收和再利用，闪蒸罐内热水浴中生成的即为橡胶。

（4）生成的橡胶被输送到操作的"最终阶段"。最终阶段包括干燥和去除任何残留的碳氢化合物。该阶段的单元操作包括排水、能量利用和捏/挤压，将橡胶进行黏性加热以助于水汽化。

（5）经过最终阶段之后，产品生成。产品形式有成张的橡胶、橡胶粉末和橡胶颗粒。

（6）最终橡胶制品则被包装（成张的橡胶一般会敷上一层保护膜，如聚乙烯膜，而粉末或颗粒形式的橡胶一般会装袋）。

（7）生产的最后阶段就是仓储，然后运输到世界各地。

二、环境因素

生产过程中每一阶段的主要环境因素见表4-2。权重因子反映了环境因素的相对严重程度（较高的数量，更严重的环境因素都是相对而言的）。

三、根本原因和事件的供应链关系

表面上，这些看起来像是孤立的事件，有环境管理体系和污染防治体系的企业将开始系统地解决这些问题的每一个方面。第五章总结了一个实施清洁生产 / 污染防治的审核方法，应用平衡量化物质和能量流，以及如何使用信息制订解决方案，以降低严重性或消除相关因素，同时减少浪费和效率低下。通过这种方法，污染防治团队专注于识别并设计了消除污染源的替代方案。

表4-2 操作的环境因素

步骤	操作	环境方面的因素	权重因子
1	聚合	空气排放	6
2	淬火	污泥、水污染、空气排放	12
3	闪蒸和正己烷回收	空气污染、水污染、因闪蒸罐堵漏的停机时间、固体废物、能耗高	7
4	干燥和去除残留的碳氢化合物	空气排放、水污染、固体废物（烧焦的橡胶）、多余的能量、自燃火灾、危害工人健康的风险	20
5	形成产品	形成固体废物的产品（非规格产品）	7
6	包装	最少的固体废物，临时工的身体伤害	4
7	仓储和运输	偶尔火灾，临时工的身体伤害	8

虽然这种方法可以带来显著的环境效益的改善，在许多情况下还可以提供用于再投资的存款和现金流。但是它的缺点在于将收益限制在组织内部，通常比接下来展示的方法需要投入更高的污染防治成本。后者为企业寻求污染防治的解决方案和机会提供激励，而前者提供的激励更微妙。这种激励可以使供应商和客户之间的关系更密切，无疑会提升经济效益和利润率。

为了说明这些观点，让我们以一个环境因素，即固体废物为例，考虑一下其中的因果关系。主要固体废物产生于该过程的以下几个环节：

（1）在淬火过程中，产生了凝胶和低分子量副产品。

（2）溶剂回收过程中，闪蒸罐可能堵塞，导致停机停工，并产生报废产品。

（3）在维修过程中，苛刻的干燥条件可能烧焦（烧伤）橡胶，形成不合格产品。

（4）销售过程中，客户拒收不合格产品。

在传统方法中，污染防治团队会从来源着手，将重点放在减少浪费和效率低下问题上。例如，同轴混合器的使用（一种低成本的污染防治方案）可以改进淬火操作以增强混合，这将更快终止反应，降低产生凝胶产品的可能性。在闪蒸罐（FD）中安装折流板，增大叶轮的尺寸会加强混合，从而消除橡胶凝聚和堵塞，这些是成本适中的污染防治方案。在最终阶段安装低剪切挤出机可以消除灼热，这是一个成本较高的污染防治方案。所有这些措施都将有助于提高产品质量，从而减少不合格产品和退货。可以肯定的是，它们都将提高橡胶供应商的生产力，减少对垃圾填埋场的需要。

从整体投资回报（ROIs）上看，所有这些工程方案都很有吸引力。低成本 / 无成本的污染防治方案几乎立即收到回报，而高成本的投资将需要不到 5 年时间即可收回 650 万美元的投资。当某一个等级的产品非常容易烧焦而引发火灾时，高成本的投资更具吸引力。

但是，其他的替代方案可能带来更大的利益。通过了解客户和供应商所做的工作，了解外部的原因和影响,不仅会对工厂产生影响,还会影响供应链中的其他参与者。

当参与其中的工程师们开始与他们的客户密切合作时,很快就意识到这个问题。客户坚持要超窄分子量分布的橡胶,因为这样可以加快硫化速度,从而提高成型操作的工作量。诚然,窄分子量分布的橡胶硫化速度快,但是这些橡胶生产过程更加困难,以至于多达 15% 的橡胶无法生产汽车的密封条,造成了严重的固体废物问题。通过与客户沟通,确定最优的操作窗口,生产一个稍宽分子量分布的产品。这无须改变工厂内的任何硬件,同时降低火灾风险,将最终阶段的能源需求降低 30% 以上,而且解决了客户店内 98% 的固体废物问题。总的说来,客户和工厂每年的净收益达到近 70 万美元。

但是,供应链的上游呢?通过与催化剂和三元共聚单体供应商的密切合作,该公司得以识别并隔离聚合过程中引发副反应的毒物。通过消除或最大限度地减少催化剂中毒,发生较少的副反应,从而减少不合格产品的生成,同时缩短反应器清洗时间。这意味着聚合效率提高(高达 25%),同时空气排放量降低 10%,下游固体废物降低 15%,废水排放降低 25% 以上。上游供应商也从中受益,并改善了环境效益。例如,催化剂供应商能够从他的产品中去除氰化物,消除了全部的责任和严重的污染物。此外,供应商本身也从中受益,因为它可以给客户提供更高纯度的产品。

四、绿色供应链

为什么公司要投资绿色供应链?通用汽车公司认为,"与供应商一起改善环境,比通用汽车公司单独努力的效果要好得多。"

绿色供应链是指对于买方公司而言的,供应商在其核心业务方面需要承担一定的环境责任。许多企业有内部标准、政策和环境管理体系,管理他们自己的环境效益和效率。如果供应商不遵守相同的标准,买方公司可能会购买和使用不符合自己标准的产品,从而产生责任。

供应链是复杂的,环境问题可能发生在第二级和第三级供应商。一些公司反向利用供应链,可以通过告诉他们的客户,使客户从自己的产品中获得环境效益。

企业社会责任组织(BSR)开展的研究表明,许多公司已经从他们的企业客户收到请求,解决环境问题。这项研究还讨论了从供应商的角度来看的机遇和挑战。几个供应商指出,他们为满足客户需求所做出的努力给自身也带来了效益,如成本降低、效率提高、提高对客户的价值、增加销售、得到积极的媒体关注以及来自社会责任投资集团的积极评价等。

当客户和他们的供应链合作改善环境和提高效率时,合作的双方均受益。其中一些包括:

(1)供应商比买家更了解产品,并能最大限度地提高效率,减少所产生的废物。

(2)当涉及设计更环保的产品和流程时,多个方面(或不同的专业领域)比一个更好。

(3)团队合作可加强客户与供应商的关系。

(4)共同的利益使这些努力是值得的。

供应商和客户之间合作的例子包括绿色设计和制造项目的合作;用于改善环境的共享工具;研究替代材料、产品、设备和工艺,使其具有较低的寿命周期影响;由供应商管理库存(例如,化学品、清洁用品、实验室用品、办公用品等);报废物品的回收再利用和包装等。

买方可以利用他们的购买力影响供应商,并有助于为环保产品创造一个更可靠的市场。

通过表现出对环境影响小的产品的购买偏好，企业可以促使供应商依靠清洁生产技术、做法和材料，为环境设计（DFE）生产过程，消耗更少的能源和水，减少浪费，或产生较少的有毒产品或排放。所有这些都是影响可持续性和竞争力的因素。

致力于绿色供应链的大公司有：

（1）布里斯托尔梅尔斯 Squibb 公司，开发美容、营养和医药产品，与主要供应商一起致力于 ISO 14001 认证的环境管理体系。

（2）通用汽车和其他汽车制造商（例如，福特和丰田）要求供应商保证实施环境管理体系或 ISO 14001 认证体系。

（3）惠普与其他电子制造商一起，对供应商的生产环境评价进行标准化的问卷调查，试图减少重复的供应商的努力，为多个客户进行类似的评估。

（4）约翰逊控制公司积极回应福特提出的 ISO 14001 认证要求，并开始要求其供应商获得认证。

（5）诺基亚发布了供应商环境指导方针。

绿色供应链以供应链管理而著名。这是指材料、信息以及组织内部和外部财务的整体管理。流程是从供应商、制造商、批发商、零售商到消费者。供应链管理关注规划、实施，并控制原材料、库存和成品的流动，且商品从原点到消费点包括采购、制造过程和客户交货。这一概念也被称为环境供应链管理或责任供应链管理。绿色供应链管理的目的是将环境问题纳入决策的每一个阶段的材料管理，包括废物处理。这一领域的专家使用的术语包括：

（1）为环境设计。采用为环境设计的方法有助于企业从产品设计阶段就消除或尽量减少对环境的影响。该方法可以减少产品的毒性，延长产品的寿命，延长材料的使用寿命，扩宽材料的选择范围，减少产品生产、使用和处置过程中所需的能量和无聊消耗（《污染防治规划手册》，加拿大环境署）。

（2）生态效率。正如前文所述，该术语指的是一种将财务与环境效益联系起来的管理策略，对生态产生更小的影响，却可以创造更多的价值。生态效率具有以环境友好的经营模式实现经济效益指标的能力（致力于可持续发展的世界商业理事会）。

（3）环保采购。环保采购（EPP）是指选择对环境影响小的产品或服务。考虑到节能，限制使用有毒物质，减少浪费等，是环保采购的标准（美国环境保护署）。企业和机构的消费者可以将环境要求纳入他们的产品和包装规格中（《污染防治规划手册》，加拿大环境署）。

（4）扩展生产者责任。扩展生产者责任（EPR）是一个政策选项，将生产者责任延伸到整个产品生命周期内对环境的影响。一旦产品被消费者丢弃，该政策要求生产者负责产品回收、再利用及后处理等（INFORM 公司）。

（5）生命周期视角。通过规划一个产品或服务的开端，最终使用和后处理，即"从摇篮到坟墓"（p2win）的过程，生命周期视角可以在产品或服务的整个生命周期内避免对环境造成影响。生命周期管理（LCM）和生命周期评估（LCA）等工具可以帮助评估方案，以确保材料或过程发生变化时不改变生命周期另一个阶段的环境和财务影响（《污染防治规划手册》，加拿大环境署）。

（6）材料管理。支持物流的全周期管理，包括采购、内部控制生产资料、计划、仓储、运输和分发成品（精简和绿色供应链，美国环境保护署，2000 年 1 月）。

（7）产品回收。包括从工业客户或消费者手中回收使用过的产品，然后再循环或再利用这些产品（精简和绿色供应链，美国环境保护署，2000 年 1 月）。

（8）资源利用效率。资源利用效率是衡量资源，如能源、水和材料被有效利用满足需求的效率。当所使用的资源更少，所提供的服务和产品更多样化以及时间更长时，资源效率就提高了（http：//www.conservationeconomy.net）。资源利用效率的提高有助于打破经济增长与污染排放之间的联系（经济合作与发展组织）。

绿色供应链的第一步带我们回到环境管理体系的第一步：早期环境评估（IER）。大多数公司对于他们的活动、产品和服务对环境造成的影响，以及环境对他们，尤其是整个供应链的影响并没有什么概念。对于践行改善环境效益的承诺，所有类型的企业和行业都承受着越来越大的压力，这些压力来自于不断完善的环境立法，整个供应链上金融市场和客户的要求等。积极识别和系统管理环境影响和风险的公司，更易于符合环境条例，减少环境责任，满足供应链的需求，并从中获益。这是公司建立长期健康的环境管理战略的第一步。

许多公司考虑整个供应链合作计划的一个重要驱动力是降低与环境管理相关的风险，而供应链环境风险管理（SCERM）将使供应商、经销商，甚至是消费者更加重视早期环境评估。全供应链的相互作用如图 4-1 所示。

图 4-1 中所列出的要素与我们在公司内建立环境管理体系时应考虑的要素是一样的。在很多情况下，我们只是简单地将环境管理体系扩展至供应商、分销商和客户。环境管理体系不仅仅应用在制造业中，它的应用更广泛和深远。以地区为基础建立环境管理体系可以带来非常显著的收益。有这方面需求的读者可以参考第六章和第七章，或在网络上搜索海量的例子。将环境管理体系扩展至整个供应链，无疑会对市场的可持续发展、成长和强大在全球范围内产生影响。

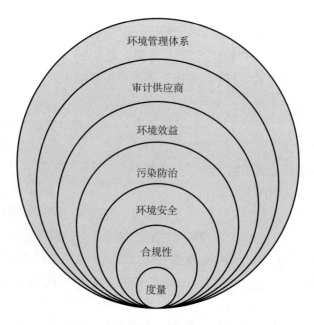

图4-1　供应链环境风险管理的要素

第五章　开展清洁生产审核

第一节　简　　介

正如读者现在已经掌握的，EMS组建了一个管理环境方面的组织，该组织采用一套标准化程序和做法框架。部分读者通过ISO 9001体序而认知到企业减少生产中缺陷的能力是通过系统减少产品生产方式的途径实现的。操作程序、操作条件等因素都影响着材料和能源的管理，影响产品变化的所有因素总是不断地改进，努力减少变化并在可接受的范围内控制生产活动。

EMS，特别是ISO 14001，旨在以完全相同的方式运行。在EMS下，重点是预防污染，在质量控制体系中零废物的目标等同于零缺陷。就像零缺陷的目标是围绕审核原则构建的系统方法论而来的，追求零废物的目标也同样如此。

虽然有不少方法可以来实现这一审核，但最好是应用一种标准化的方法来实现，标准化的方法可应用于常规的和一些设施的不同部分，以及由公司所有和运营的其他一些设施。开展一项审核涉及在整个组织中有效地推广。我发现实现这一目标最好的方法是将初始审计限制在设施中的一个生产平台或某个方面。当成功掌握了一些程序、时间和技巧并获得了一些积极的结果，那么这些技巧可以转用到其他部门，并使之独立运作，并与CP/P2小组或单元沟通达到独立运行的目的。

本章提供了一套严格的共计20步的流程，该流程用于开展工厂内CP/P2评估。本章撰写了审计小组组长指导和培训组员以一种广义的方法实现审计和信息分析。本章的最后一部分介绍了一个工具库，工具库中包括了用于P2现场评估的工作表。相关配套的网站提供了工作表的打印或输入数据功能。本章最后介绍了工具库的线上版本。

第二节　工厂内评估和污染防治

工厂内的环境评估应首先着眼于低成本/零成本的改正措施，这些措施与企业的经济利益相结合旨在提高环境管理。这些措施通常可以识别和捕捉"悬挂低的果实"，进而快速地，在很多情况下得到适度的回报。虽然持怀疑态度的人可能会认为大多数的定置摆放和明显的P2机会在由美国公司为强调环境意识和积极执法而发布的目录中，但是我发现在一些案例中，特别是在小型和中型企业中是相悖的。

当开展这些初始评估时，雇员们应该了解这样做的目标和原因，需要涵盖以下信息：

（1）污染防治（CP/P2）需要将注意力从废弃物的处理和处置中移开，而转向消灭或减少生产过程中出现的非理想的副产品。

（2）从长远看，通过最小化废弃物和更清洁生产的污染防治较传统污染控制方法更具有经济效益和环保性。

（3）污染防治技术应用于所有的制造业过程，以及包括从易于操作的过程和良好的卫生习惯，到更加多样的变化范围，例如替代有毒物质、实施清洁技术和安装最先进的回收设备。

（4）污染防治可以提高工厂效率，强化用于生产的自然能源的质量和数量，并使之可用于投资在经济发展中更具有经济性的资源。

所有来自制造业的输出都可以分为产品和废物两类，客户付钱的为产品，其余的都是废物。理想情况下，制造过程应实现零废物。但是实际上，工厂必须致力于减少制造业中废弃物的产生，这意味着资源利用的不完全。

可以说所有的废弃物可间接地与污染相联系，因为废物消耗资源并不会被他用，而且这些废弃物管理措施通常也会产生污染。

预防是针对一些可能的污染提前采取措施。预防一般包括控制和治疗。

（1）设计预防质量缺陷，同时检验控制缺陷。

（2）一般情况下，与预防相联系的努力、时间和金钱相较于控制和治疗更少。这一概念在下述情况中被放大：1盎司的预防费用价值1镑的治疗。在很多情况下，对工业的污染防治比控制更加有利。

污染的预防包括：

（1）减少有害物质、污染物或杂质再次进入废物物流或在循环、处理和处置之前被释放到环境中的数量。

（2）减少释放有害于公共健康和环境的物质、污染物或杂质。

（3）通过提高原材料的使用效率或自然资源的保护力度减少或消除污染物的产生。

换一种说法，预防污染是要减少或消除污染物或废物的产生，并通过对工业基本行为模式的促进、鼓励或要求来实现。同时，正如前面所述的，为实现这一目标，通常采取的技术包括更清洁的生产、清洁技术、减少废物、预防废物、生态效率和最小化废弃物。

让我们来看一下汽车涂装的CP/P2的例子。

问题：在汽车公司中对每一台汽车通过涂装过程改变其颜色是十分普遍的。因此，旧涂色在涂装前必须经过清洁。这导致了过剩的油漆污泥废弃物以及甲苯和二甲苯的排放量。此外，清洁和加油作为安装步骤增加了整个过程的用时。

读者可能会回想起第三章中提到的橡胶合成生产的例子，这个例子中应用等级生产测序，从而减少了反应器不同批次间清洗的周转时间。采用相同的方法，以一种改变简单操作的方式在两个截然不同的工业过程中达到了减少废物和节约成本的好处。

污染防治方法1：分块涂装。针对相似颜色的汽车的涂装过程作为一个生产过程，可以减少涂色油漆和试剂的释放。分块涂装在减少了废物的同时，也减少了安装过程的耗时。

污染防治方法2：汽车可由不含有毒的甲苯和二甲苯的溶剂完成涂装。静电喷漆可将涂料附着在金属上。洗涤器代表处理，分块涂装代表减少废物，静电涂装代表污染防治设计。

第三节　环境管理等级

环境管理涉及处理废弃物的几种策略，对雇员宣传相关策略等级的重要性是十分有必要的。在制造废弃物前减少和消除废弃物，优于处理或处置已经产生的废弃物。所述的等级如下：

（1）预防。最佳的减少废弃物的策略是防止废弃物生成。废弃物防治在一些情况下需要大幅度的变化，但是这一过程提供了最大的环境效益和经济效益。

（2）回收。如果废弃物产生过程是不可避免的，那么将废弃物最小化的目标就是该策略的目标，例如回收和再利用。

（3）处理。当废弃物不能通过再利用或再循环来防止或最小化时，可用采用减少这些废弃物及其毒性的策略。末端治理策略在一些时候可以减少废弃物，但是却并非如一开始防治废弃物产生时的策略有效。

（4）处置。最后一个考虑的策略是替代的处置方法。合理的废弃物处置在整个环境管理项目中是关键的一环；然而，这是最不有效的技术。

这一等级的应用例子的总结见表5-1。

表5-1　环境管理等级的应用示例说明

优先等级	方法	例子	应用
1	预防 （减少能源）	（1）过程改变； （2）设计减少环境影响的产品； （3）能源消除	（1）通过改变处理方式，杜绝或减少溶剂的使用； （2）通过改变产品以延长涂层寿命
2	回收	（1）再利用； （2）复垦	（1）试剂的回收； （2）在洗涤中回收金属； （3）挥发性有机物质的回收
3	处理	（1）稳定性； （2）中性； （3）沉淀； （4）蒸发； （5）焚烧； （6）洗涤	（1）有机溶剂的热破坏； （2）洗涤过程中重金属的沉淀
4	处置	设施中的处置	土地处置

第四节　污染防治的原因

大多数国家需要平衡经济增长和环境保护的关系。普遍认知的是，经济发展和健康以及社会福利与国家自然资源环境的适当管理是紧密相连的。在这些国家，污染防治工作为政府提供了一种管理工业发展以及经济发展对环境影响的方式。

污染防治涉及环境污染／经济发展的三个重要组成部分：

（1）防治提供了一个比管道末端污染解决方案更好的环境管理解决方案。

（2）质量鼓励对生产过程和产品质量进行评估。

（3）成本提高了设施在减少处理成本、节约材料和能源投入以及减少风险和责任保险方面的底线。

通过末端管道措施处理环境废物被证明是非常昂贵的，并且不能解决所有的环境问题。上面提到的末端管道措施包括：污水处理系统、危险废物焚烧炉和其他处理技术，安全的堆填区，监测设备，固体废物搬运设备，空气污染控制设备和催化转换器等。CP/P2措施的优点在于：

（1）更少地需要昂贵的污染控制设备。

（2）走在环境法规的前面。

（3）减少报告和许可的需求。

（4）减少污染控制设备的运行和维护。

第五节　通过全面环境质量管理提升产品质量

识别污染防治机会的过程同样提供了识别提高产品质量手段的机会。工厂内部的环境评估（污染防治）需要公司深入检测产品。寻找减少废物的方法同样也需要对废物产生的根源进行研究，并找出改进这一过程的方式。

全面质量管理（TQM）是为获得更高标准的产品和服务质量而创建的管理系统。TQM管理因素包括：

（1）客户关注的焦点。

（2）持续改进。

（3）团队合作。

（4）强大的管理使命。

乍一看，TQM似乎与这些环境关注的问题无关。然而，TQM方法的内在优势在于可以有效地解决许多环境问题。那些将TQM概念应用于环境问题的专家们因此创造了一个新的名词TQEM，也就是全面质量环境管理。TQEM是一种实现污染防治的逻辑方法。

在质量方面，客户被定义为那些应用了"产品和服务"的人或实体。客户被分为内部的和外部的。内部的客户排在生产链旁边，而外部客户则为产品的终端用户。

如果客户的定义扩大到那些受生产废弃物影响的人和环境，那么全面质量管理需要我们了解这些废弃物对客户产生的影响，并采取一些措施来减少它。

请考虑下方的案例分析。

一、案例分析——三氯乙烯

1.客户识别

很多工厂在操作中使用三氯乙烯（TCE）作为溶剂。这种有毒的化学试剂必须保存在密闭环境下，这是因为 TCE 的泄漏可以是致命的。这种泄漏通常需要对整个设施实施撤离。工厂的工人是 TCE 烟雾的非意愿内部客户。外部环境同样也是非意愿客户。地下水和表面水体同样有可能会受到污染。表面水体的水中生物和依靠河流作为饮用水或休闲目的地的非意愿客户也同那些依靠地下水资源的客户一样都是非意愿客户。

2.持续改进

质量标准可以在产品中建立，而非仅用于检测。这需要生产者持续不断地识别并消除有害于质量的根源。持续改进同样是减少生产过程对环境影响的关键。

采用传统方法处理得到的工业废弃物被认为是制造业的副产物。然而废弃物产生后，对这些废弃物进行安全合法处置的责任落到了环境工程部门。因为环境工程部门接收到这些废弃物是在它们被产生以后，所以他们并不熟悉产生的具体过程。此外，因为减少废弃物并不作为他们绩效评估的一个组成部分，所以环境工程师们并没有减少废弃物的动力。

TQEM 是一个提供污染防治结果的逻辑方法。污染防治要求工业在可行之处全部采取污染防治措施。通过重视客户的关注点、将废弃物分类和将需要采取的措施作为非增值控制，TQEM 要求废弃物的产生要降到最低限度。操作者和工艺工程师，而非环境工程师，对识别和消除废弃物产生的根源负责。采用连续提升方法，零废弃物与零缺陷一样是一个目标。

由于 TQEM 项目，产品质量通常在减少废弃物产生时得到了提升。TQEM 努力使员工对该过程的各个方面更加熟悉，而非仅仅是那些与生产相关联的。当被迫质疑废弃物的来源时，可导致品质的提升。

3.团队合作

团队合作的方法将考虑到所有有关环境问题的因素。会计熟悉成本核算，产品工程师熟悉质量，过程和化学工程师熟悉可行性考虑，环境工程师熟悉环境影响。因为环境工程师是被训练应对废弃物已经产生的情况，而非预防产生，所以所有参与产品生产过程的工程师都应该被包括进去。

4.Ford公司团队通过持续改进消除TCE

使用 TCE 脱除某些含铝成分需要严格的安全机制和措施。建立更好的保管系统可以减少泄漏的风险，但是不能从根源上解决问题——避免 TCE 的使用。

为此，Ford 团队寻找到了一种非 TCE 溶液用于降解散热器线圈。他们组成了一个团队，包括化学工程师、环境工程师、工艺工程师、会计和产品工程师。团队中多样的背景确保涵盖了所有相关问题，比如成本、产品质量、工艺可行性和环境影响等。这个团队设计了一个水性脱脂系统（如肥皂和水）替代 TCE。这一做法不仅将有毒化学品从工厂中移除，同时这一新系统中的水也可以回收再利用。更重要的是，这一水性脱脂系统表现出较 TCE 降解过程更佳的质量特性。

这一项目是一个提升质量、节省成本、减少环境影响的例子。当然不是所有的项目都是如此硕果累累的。一些清洁替代品的成本可能会比去除污染物的花费更高，但是成本必须与环境改善带来的利益相平衡。为了验证这一观点，人们仅需要关注外部客户对"环保"产品不断提升的期望值。

二、强大的管理承诺

TQM 的三个因素是客户关注、持续提升和团队解决,这三要素已经应用于环境问题。在 TQM 的传统设置中,最后一个因素——强大的管理承诺——可能是最重要的。

没有一个 TQEM 项目可以在缺失高级管理的承诺下成功。高级管理人员,也就是那些将事业建立在废弃物是必需的副产品这一概念下的人们,必须了解内部和外部客户对于具有环保意识的产品和工艺的期望值。他们必须认识到实践 TQEM 的价值是找出废弃物的根源,并号召跨学科团队应用持续改进来践行"更清洁"的方案。

三、提升盈利能力

在很多案例中,污染防治手段可以收获更为清晰的环保收益,包括污染不再产生,在生产工艺过程中更少地使用有毒材料,以及节约能源和其他原材料的使用。节约可来自以下五个领域:

(1)公司在原材料方面的节省。

(2)公司在人工成本方面的节省。

(3)减少甚至消除处置成本。

(4)工厂可以在劳动力收集、储存和处理废弃物的过程和运输废弃物到现场外的过程节约废弃物处理成本。

(5)减少有毒材料的使用、处理和运输,可以减少工厂未来的责任成本。

第六节　开展CP/P2审计的步骤

这部分描述了实施厂内 CP/P2 评估以及污染防治所需的每个步骤。这些步骤被设计为通用的,适用于广泛的工业。该方法包括以下三个阶段:

(1)预评估阶段用于评估的准备工作。

(2)数据收集阶段用于推导出物料平衡。

(3)合成阶段用于将物料平衡中的发现转化为废弃物减少措施方案。

不是所有的评估步骤都适用于每一个情况。类似的,在一些情况下需要增加一些步骤。

一、第一阶段——预评估

步骤 1:评估的着眼点和准备。

一个全面的污染防治评估是高效率和具有成本效益研究的先决条件。尤其重要的是,从顶层管理中获得对评估的支持,并获得实施结果;否则,不会有切实的行动。

首先,应确定污染防治评估小组。评估小组所需的人数与需要被调研的工艺的复杂程度和规模相关。一个小型工厂的污染防治评估可由一个人来完成。一个更复杂一些的工艺可能至少需要 3 ~ 4 人,包括技术人员、产品工程师和一个环境方面的专家。涉及的人员来自生产运营中的各个环节，这也会提升员工对于减少废弃物、促进输入和项目支持方面的意识。

一个污染防治评估可能需要外部资源，例如实验室和一些样本所需的设备和过程管理等。你需要尝试找出项目开始时所需的外部资源。

小型工厂可能不具备分析服务和相应设备。如果是这样，需要调研是否可以与其他工厂一同成立一个污染防治协会；在这一协会中，可共享外部资源成本。

在评估的准备阶段选择评估的着眼点是十分重要的。你可能希望污染防治评估可以覆盖到整个过程或重点在某一个运行单元。但是这个着眼点的选取取决于污染防治评估的目标。你可能希望关注整体废弃物的最小化或重点放在某一特定废弃物。例如，原材料的损失；引发运行问题的废弃物；危险的废弃物或规定中不允许的废弃物；处置成本高的废弃物。

在设计污染防治评估过程中，一个好的起始点在于确定主要问题或特殊工艺单元涉及的废弃物。所有工艺、工厂或区域单元相关的文件和信息在最初阶段都应该被收集和审阅。可能已经开展了区域或工厂相关的调查：这些可能包括关注领域中的有用信息，同时指出无数据造成的间隔位置。以下提供了一些有用文档的指南：

（1）现场方案可行吗？

（2）是否有所有的工艺流程图？

（3）工艺过程中的废弃物是否被监控？是否可以调出这些数据？

（4）可否给出周围地区包括水源地、水体和人类居住区的地图？

（5）在这一地区中是否有其他工厂运行类似的工艺？

下列清单包含了其他一些需要快速整理的数据和有用的方向性材料。

（1）与工艺过程密切相关的废弃物有哪些？

（2）最大量用水的地方是哪里？

（3）在使用化学品时，是否有特定的使用和处理手册？

（4）废弃物处理和处置费用有哪些？

（5）液体、固体和气体排放的处理点都在哪里？

工厂应通知员工开展评估的事宜，并鼓励他们参与其中。员工的支持在此类型的互动研究中至关重要。在正常的工作时间开展评估是很重要的，因此可以咨询员工和运营者，也可在运行中监控设备。同时更重要的是，可以识别废弃物的种类和数量。

步骤2：列举运行单元。

一个工艺过程包括一系列的单元操作。一个操作单元可以定义为：操作地点物料或进入生产过程的设备，一个工艺过程的发生，或者离开这一过程的物料，这些可能存在于不同的形式、状态或组成。例如，一个工艺过程可能包括原材料储存、表面处理、漂洗、涂制、干燥、产品储存和废弃物处理等操作单元。

任何初始状态的调查表都应该包括巡视整个生产制造的过程，以更加确切地了解各个运行过程及其相互关系。这将有助于评估小组决定如何描述各操作单元。在初始阶段，记录视觉观察结果，讨论和绘制工艺布局图、排水系统、通风口、管道以及其他物料的转移等草图，这些对于记录是十分有帮助的。这将确保重要的操作单元不被忽视。

评估小组应该向负责生产的员工咨询有关正常操作条件的事宜。负责生产的工人很可能了解有关废弃物处置地点，计划外废弃物的产生如泄漏或冲刷作业的情况，以及可以给评审人员有关实际操作规程的良好的指示。调研可能会揭露夜班操作与白班操作有所不同；同时，一个工厂可能会透露实际的材料处理方式与那些书面规程不同。

一个长期工作的雇员可以提供一些对有关运行过程中出现的问题的见解。在缺乏历史监控时，这些信息是非常有用的。这类员工的参与必须处于一个免责过程中；否则，这将不会如预期一样有用。

在最初的调查过程中，需要注意的是那些迫在眉睫的问题将在评估结束之前处理完成。

评估小组需要明确各个操作单元的功能和不同的操作过程。类似的，所有操作单元可用的信息都应该被收集并分开归档。将这些信息标注出来十分重要，可参阅表 5-2。

物料搬运作业的识别（手动、自动、堆、鼓等），包括对原材料、运输以及产品的识别，也是进行物料平衡计算的重要方面（阶段 2）。

表5-2　识别影响废弃物产生的过程变量的例子

操作单元	功能	文件编号
表面处理（A）	玻璃瓶的表面处理：100m³喷雾室，6个喷嘴，100gal/min泵	1
漂洗（B）	贴商标前清洗玻璃瓶	2

注：1gal（美）= 3.785412dm³。

步骤 3：构造工艺流程图。

通过将独立的操作单元组成一个块状图，你需要准备一个流程图。间歇操作，例如清洗、上色或罐的倾倒需要被隔离开来，并用折线将这些框连接起来。

（1）针对复杂的流程，需要准备一个整体的流程图来阐释主要操作区域以及在另外的纸上详细展示每个主要操作区域的细节流程图。

（2）现在，决定实现目标所需的详细程度。

（3）需要特别意识到的是：当评估变得不够详细或规模更大时，信息很可能会出现丢失或过度简化的情况。建立正确的细节水平以及着眼于特定区域，在早期阶段是十分重要的。

（4）需要特别注意的是，那些明显可以被减少或预防的废弃物，在开展物料平衡之前是很重要的（阶段 2）。通过在早期采取一些简单的措施，由此产生的好处将有助于增加参与污染防治评估的人数并可以激励参与人员的积极性。

阶段 1 总结：

（1）在污染防治评估的阶段接近尾声时，评估小组应该谨记污染防治评估的目标。

（2）应该通知工厂的工人有关评估的目的，从而让各方都尽最大努力配合。

（3）任何所需的财务资源都应该是安全的，同时还需要外部机构审查确保可用性。

（4）小组应该对工厂的整体历史和当地环境有所了解。

（5）评估应建立污染防治评估的范围和重点，以及一个粗略的执行时间表，以配合生产模式。

（6）评估小组应该对工厂内各流程的布局有所了解，并列举出各个工艺流程对应的操作单元。

（7）绘制一个工艺流程图，着重突出污染防治评估涉及的地区。

（8）任何易于实现的减少废弃物的措施都应该立即执行。

（9）阶段1中的调查发现应在预评估报告中体现，并在下一个阶段中重申承诺。

二、第二阶段——物料平衡

物料平衡的定义为工艺过程中进料和出料量的精确记录。

这一阶段描述了一个收集和整理进料和出料数据的过程。这一过程可应用于计算一个工厂、工艺过程或一个操作单元的物料平衡。图5-1列举了在计算物料平衡时需要量化的一系列因素。请注意不常见的出料（例如，偶尔电镀浴的排放）可能与日常排放同样重要。

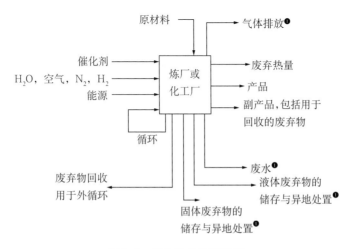

图5-1　概念化的物料平衡

步骤4：确定进料。

（1）工艺过程或操作单元的进料可能包括原材料、化学品、水、空气和能源。工艺过程或操作单元的进料需要被量化。

（2）量化原材料的用量以及检测购买记录作为第一步，这可以快速地给出涉及的数量。

（3）在很多情况下，单元操作中原材料的损失主要集中在原材料的储存和运输过程中。将这些单元操作与购买记录结合来看以确定真正的净进料量。

（4）对原材料的储存和处理进行记录。需要考虑到蒸发的损失、泄漏、从地下储罐而来的泄漏、从储罐泄压封孔而来的蒸汽损失以及原材料的污染。通常这些情况可以很简单地纠正。

（5）在一个表格中记录原材料的购买、储存以及损失，目的是推算出工艺过程中的净进料量（表5-3）。

（6）当原材料的净进料量确定后，我们可以将原材料的进料量量化到各个操作单元。

（7）如果原材料在各个独立操作单元消耗的准确信息不可查，那么我们需要采取一些措施来确定平均数值。

---

❶ 公司的长期责任。

表5-3 原材料的储存和损失

原材料	原材料损失预估值（年度）	购买的原材料（年度）	室内库存维护	平均库存时间（年度）	负面影响
1.用于控制产品颜色的活性炭	100kg	5500kg	500kg	1个月	库存不足，需要额外购买或寻找造成损失的根源并避免
2					
3					

（8）采取的措施应该持续适当的一段时间。例如，如果一周的运行时间被认为是一批次，那么采取的措施应该至少持续3周时间，这些数据才可推算为月度或年度数据。

注：一些量化工作可以通过观察以及一些计算来完成。

对于固体原料，询问仓库管理员在一周开始或单元操作之前储存多少袋，然后在一周结束或单元操作时再次询问。称重一些麻袋来检查是否符合规范。

对于液体原材料，例如水或溶剂，需要检查储罐容量并向操作人员询问上一次储满的时间。储罐的体积可以通过储罐的直径和深度估算出来。需要实时检测储罐的高度和到达现场的储罐工人的数量。

当进行完进料量的确定、与员工谈话、观察操作单元的操作后，污染防治评估小组将考虑如何提升单元操作的效率。

可以考虑下面的问题：

（1）原材料的库存是否可以满足最小化材料损失的要求？

（2）储存和操作单元的距离带来的潜在损失是否可以最小化？

（3）同一储罐储存不同原料是否取决于分批操作？是否有交叉污染的可能性？

（4）是否存在材料的损失和浪费？

（5）现场是否使用黏性原材料？可否减少反应器内剩余物料造成的浪费？

（6）原材料的储存地点是否安全？建筑物在夜间是否上锁，或这一区域是否有围栏以限制出入？

（7）采取何种措施可以使原材料免于阳光直射或暴雨的影响？

（8）物料堆放处是否有灰尘？

（9）用于泵入或转移物料的设备是否处于高效状态？是否进行日常维护？

（10）可以避免渗漏的发生吗？

（11）工艺过程是否有足够的控制？

（12）如何实现原料进料的监控？

（13）是否有设备处于待修状态？

（14）管线是否可以自排水？

（15）真空泵中的水可以再循环吗？

可以在这一阶段开始考虑操作单元的能量输入。然而，能量需要对其开展一个全面的评估。污染防治评估的目的在于注意到是否可以减少能源成本。如果能源的使用是一个突出的因素，则建议开展一个能源评估。进料数据应该显示在工艺流程图或表5-4中。

表5-4　能量使用的表格示例

操作单元	原材料1 (m³/a)	原材料2 (t/a)	水 (m³/a)	能量来源
表面处理（A）				
洗涤（B）				
涂色（C）				
所有操作单元所用的总的原材料				

在生产过程中会频繁地使用到水，用于冷却、洗气、产品洗涤和蒸汽清洗。因此，水的使用需要被列入进料中。

一些操作单元可能会收到来自其他操作单元的循环废弃物。这些也被认为是进料。

步骤5和步骤6描述了这两个因素应该被包含在厂内环境评估中。

步骤5：记录用水量。

用水量，不同于用于反应过程的水，应该被涵盖在污染防治评估中。用于清洗、洗涤和冷却的水通常容易被忽视，然而这些地方可以简单而经济地减少废弃物的产生。

在评估独立单元的用水量前请考虑与现场供水有关的几个问题：

（1）识别水源。

（2）水是直接从井、河流或水库直接吸收的吗？现场的水的储存是在储罐中或潟湖？

（3）现场储水的容量是多少？

（4）水是通过什么手段运输的——泵、重力或手动？

（5）在现场下雨是一个关键因素吗？

针对独立的操作单元，请考虑如下问题：

（1）在各个操作单元中水的用途是什么——冷却、洗气、冲刷、产品洗涤、润湿物料堆、日常维护、安全灭火或其他？

（2）每一种措施实施的频率是多少？

（3）每一种措施的耗水量是多少？

有关这些问题的答案很可能并不是现成的，你可能需要对各个操作单元的用水量进行监测。再重申一次，这些措施必须持续相当长的一段时间以确保所有的动态都被监测到。对于间歇性的操作需要特别注意，例如洗气和储罐的清洗，因为这些操作产生的用水通常会被忽视。需要确认这些操作将于何时开展，以便做出相应的措施应对。

以表格形式记录用水量信息（表5-5），并确保用于描述间歇性操作的单位为时间。

表5-5　用水量的表格示例

项目	清洗	洗气	冷却	其他
操作单元A				
操作单元B				
操作单元C				

注：所有的数据均使用标准单位，例如 m³/a 或 m³/d。

减少用水量可以节约成本。在调研用水量时请考虑如下几个问题：

（1）更加严苛地控制用水量可减少废水的产生并节约成本。在极端情况下，还可以提高在废水处理过程中对经济材料循环利用的关注度。

（2）关注定置摆放通常可以减少耗水量，并控制废水排出量。

（3）连续再利用的废水的储存成本可能比处理费更加低。

（4）洗涤用水的再利用可以有效地提示减少耗水量。

步骤6：废弃物循环再利用程度的衡量。

在生产过程中，一些废弃物直接进行再生利用或者可能从一个操作单元转移到另一个操作单元，其余的可能需要一些改变以适用于另一工艺的再生利用。

如果回收再利用的资源没有记录在案，那么可能会导致在计算物料平衡时特别是在计算全厂或整个工艺过程的物料平衡时被重复计算，也就是同一废弃物在一个工艺过程中被算作出料，同时在另一工艺过程中被算作进料。

废弃物的循环再利用可以减少工艺过程中对于新鲜水和原材料的需求量。在关注一个操作单元的进料时，需要考虑到有从其他操作单元循环再利用的出料的可能性。

步骤4至步骤6的总结：

（1）在步骤6的最后，应该完成工艺过程中进料的量化工作。

（2）在开展工艺过程中净原料进料量和水量的计算时，应该将储存阶段和转移阶段发生损失量计算进去。

（3）所有的循环或再利用的进料量都应该被记录在案。

（4）所有有关原材料处理、工艺布局、损失水或其他存在问题的地方都应该记录在案。

步骤7：工艺过程中出料的量化。

为了完成物料平衡计算，需要将操作单元和工艺过程中的出料进行量化。

出料包括主要产品、副产品、废水、废气（排放到大气中的）、需要被储存或运到非现场处理的液体和固体废弃物。可以通过表5-6来编制出料的信息。明确记录的单位是十分重要的。

表5-6　如何标注工艺出料的示例

操作单元	产品	副产品	再利用的废弃物	废水	气体排放	废弃物的储存	非现场的液体/固体废弃物
A							
B							
C							
总计							

对于主要产品或有用产品数量的评估是关系到工艺过程或操作单元效率的一个关键因素。如果产品被送到非现场进行销售，那么生产量将会在公司记录中备案。然而，如果产品是作为中间产物被用于其他工艺过程或操作单元时，那么出料量将很难被量化。类似的，对于副产物的量化也一样是困难的。

步骤8：废水的说明。

在很多工厂，大量的洁净水或污水都被排放到了下水道或河道。在很多情况下，这些废水会对环境造成不良影响并产生处理开支。此外，废水在工艺过程区域可能会冲刷掉未使用过的原料。

了解有多少废水流入了下水道以及废水中到底含有什么是极其重要的。废水流经每个操作单元都需要被量化、取样和分析。

识别废水处理点，也就是废水由哪里离开工厂？废水可能会到一个污水处理厂或直接流入公共下水道或河道。废水处理点的使用通常是被忽略的地方——识别处理水的地点、类型和规模是十分重要的。

（1）识别废水来自哪些不同的操作单元，由此可以描绘出工厂的排水网络。这可以清楚地发现哪些东西都去了哪里！

（2）当完成排水网络后，可以设计一个合理的取样和流体管理系统用于监控各个操作单元排出的废水。

（3）将监控方案规划得尽可能详细，并在一定范围内的操作条件下取样，例如，满负荷生产、开工、停工和冲洗过程。在雨水和废水排水系统合并为一体的情况下，确保在干爽的天气中完成取样。

（4）对于小规模或批量废水流而言，可以用一个桶和手表来计算所有的废水量。较大量或连续的废水流可以用流体计量技术来计算。

各个操作单元产生的废水的总和应该与整个工艺过程中的进料量基本一致。正如步骤6提到的，需要注意当废水再利用时可能会出现被重复计算的情况。这强调了了解操作单元及其相互之间关系的重要性。

废水应该分析其中杂质的浓度。废水需要分析的内容包括pH值、化学需氧量（COD）、生化需氧量（BOD）、悬浮固体、油脂和油。

需要另外分析的参数取决于原材料的进料。例如，需要分析废水中的金属浓度来确保排放不超标，同时还要确保原料没在排放时损失。所有工艺过程中用到的毒素都应该被分析。

为实验室分析完成取样。应该对持续流动的废水的样品进行组成分析。例如，在生产10小时的过程中，按照每小时取100mL作为样品，那么将收集到1L的组成分析样品。样品的组成分析将代表这一段时间下废水的平均水平。当排废期间出现明显的波动时，需要根据流速的变化考虑改变个体样品的大小来确保所取样品具有代表性。对于批量储罐和间歇性排放而言，一个单点样品可能已经是充分的（在决定选用适当的取样方法之前，先检查不同批次之间的变化）。

废水流和浓度应在表5-7中标注。

表5-7　如何标注废水流的示例

项目	处理方式				总废水排出
	公共下水道	雨水排水	再利用	储层	
来源	废水流浓度	废水流浓度	废水流浓度	废水流浓度	废水流浓度
操作单元A					
操作单元B					
操作单元C					

步骤9：气体排放的说明。

为得到一个准确的物料平衡数据，工艺过程中涉及的气体排放的量化也是必需的。需要考量每个操作单元从原料储存到产品储存涉及的实际的和潜在的气体排放量。

气体排放有时并不明显，也很难进行测量。当量化气体排放可行时，可采用化学计量方法完成量化。下面的示例解释了如何使用间接估值。

请考虑一下在锅炉房中燃烧的煤。评估人员可能因无法采到合适的样品来测量出二氧化硫产生的量。仅有的信息是煤中含有3%（质量分数）的硫，平均来看，每天煤的燃烧量为1000kg。

首先计算硫燃烧的量：

1000kg（煤）× 0.03kg（硫）/ kg（煤）= 30 kg（硫）/ d

燃烧的化学方程式为：

$$S + O_2 = SO_2$$

燃烧的硫的物质的量等于生成的二氧化硫的物质的量。硫的原子量为32，二氧化硫的分子量为64。因此，燃烧30kg硫，可生成60kg SO_2。

因此，可以估算出每天会从锅炉房中排放60kg的二氧化硫。

（1）将量化的排放数据记录在表格中，并指出哪些数据是推算的，哪些是实际测量的？

（2）评估者在量化废气时应同时考虑其特性。

（3）气味是否与操作单元有关？

（4）是否有哪些时段气体排放更多？是否与温度有关联？

（5）现场是否有任何污染控制设备？

（6）气体排放是从密闭空间（包括短暂排放）排放到外面的吗？

（7）是否进行洗气处理？洗气后会变成什么？是否可以转化为有用的产品？

（8）员工们是否穿戴了防护衣物，例如口罩？

步骤10：厂外废弃物的说明。

工艺过程中产生的废弃物可能无法在厂内处理。这些需要运到厂外处置。这种类型的废弃物通常为无水液体、淤泥或一些固体。通常情况下，厂外处理废弃物的运输和处理费用是昂贵的。因此，最小化这些废弃物将直接产生效益。

对于工艺过程中需要排出的所有废弃物都需要记录数量及其含量组成，将结果记录在表5-8中。

表5-8　标注出需要非现场处理的废弃物

操作单元	液体		淤泥		固体	
	数量	组成	数量	组成	数量	组成
A						
B						
C						

在数据收集阶段需要询问以下几个问题：

（1）废弃物来源于哪里？

（2）是否可以通过优化制造工艺减少废弃物？

（3）是否可以采用替代的原材料来减少废弃物的产生？

（4）是否有一个特定的组分会导致整个废弃物处于危险状态？这一组分是否可以被隔离？

（5）废弃物中是否含有有价值的材料？

（6）需要非现场处置的废弃物需要在现场储存。在储存过程中这些废弃物是否会引发额外的排放？例如，一些溶剂废弃物储存于密闭储罐中？

（7）这些废弃物将在现场储存多久？

（8）固体废弃物的堆放是否是安全的？是否会有规律地发生沙尘暴？

步骤 7 至步骤 10 的总结：

（1）在步骤 10，污染防治评估小组应该收集用于计算每个操作单元和整个工艺过程物料平衡的所有信息。

（2）所有实际的和潜在的废弃物都需要被量化。当直接测量手段不可行时，需要通过化学计算得到估算值。

（3）所有数据都应该在标准单位下明确列在表格中。在整个数据的收集过程中，评估人员应该对需要提升的操作过程进行标注。

步骤 11：整合操作单元的进料和出料信息。

工艺过程中的总进料必须等于总出料。在适当范围内准备一定详细程度的内容。例如，你可能需要计算每一个操作单元的物料平衡，或者对于整个工艺过程来说只需一个操作单元物料平衡的计算。

计算物料平衡主要是为了获取工艺过程中进料和出料的详细情况，特别是废弃物的。物料不平衡的情况需要进一步调研。预期得到一个完美的平衡状态是不现实的——初步的平衡可以被认为是一个待完善的、粗略的评估结果。

（1）整合每一个操作单元的进料和出料信息，然后决定是否所有的进料和出料都应该包含在物料平衡里。例如，操作单元的冷却水进料等于冷却水出料。

（2）将基于每天、每年或每批为基础的测量值单位进行标准化（L、t 或 kg）。

（3）参考工艺流程图并总结标准单位下的测量值。对工厂进行深入研究后，可能需要修正工艺流程图。

步骤 12：推导针对每个操作单元基础的物料平衡。

现在，已经具备完成一个初步的物料平衡的条件了。针对每一个操作单元而言，将数据应用于步骤 1 至步骤 10 并建立物料平衡计算。将信息清晰地展现。表 5-9 显示了呈现物料平衡信息的一种方式。

值得注意的是，物料平衡需要以质量单位计算，因为很多时候体积是无法测量的。当需要把体积转化为质量单位时，必须考虑到液体、气体或固体的密度。

完成对每一个操作单元的原料进料和废弃物排放的物料平衡计算，针对每一种关注的污染物进行重复操作也是值得的。针对每个操作单元，对所有水的进料和出料计算水平衡是非常可取的，因为水的不平衡可能意味着出现了很严重的底层问题，例如泄漏或渗透。个体的物料平衡可以加和为总体工艺过程、一个生产过程或一个工厂的平衡。

表5-9 针对每一个操作单元的初步的物料平衡

操作单元A		数量（标准单位每年）
进料	原料1	
	原料2	
	原料3	
	废弃物	
	水	
	总计	
出料	产品	
	副产品	
	原材料储存以及损失	
	废弃物再利用	
	废水	
	气体排放	
	废弃物的储存	
	有害液体废弃物运输至非现场	
	有害固体废弃物运输至非现场	
	非有害液体废弃物运输至非现场	
	非有害固体废弃物运输至非现场	
	总计	

步骤13：评估物料平衡。

对于个体的和加和后总体的物料平衡，需要再审查一次，确定信息不准确的地方。如果某一项物料存在巨大的不平衡情况，那么还需要进一步的审查。例如，如果出料量小于进料量，那么需要找出潜在的物料损失或废弃物排放的情况（例如，蒸汽挥发）。出现出料量大于进料量现象的原因可能是测量或估算偏差造成的，也可能是有些进料被忽视造成的。

在这一阶段，你应该花时间来重新检定操作单元，来确认是否有一些未被察觉的损失。对于一些数据收集工作进行重复确认是很有必要的。

请记住，你应该全面且认真地得出一个满意的物料平衡报告。因为这个物料平衡报告不仅反映了你的收集工作是否充足，而且因其特性确保了你对于所涉及的工艺过程是否了解得深入。

步骤14：物料平衡的精炼。

现在，可以再次考虑将前面步骤中提到的一些额外因素相加来得出更加准确的物料平衡。如果有必要，将所需的不可计量的变量进行估算。

请注意，如果碰到相当简单的工厂的情况，需要准备一个初步的物料平衡，并完成细化

（步骤 13、步骤 14）。然而，针对更加复杂的污染防治评估，两个步骤分开将更加恰当。

针对高强度或有毒有害的废弃物情况，需要在设计减少废弃物的过程中完成精确的测量。对于很多操作单元的物料平衡而言，可能需要重复计算验证。重申一次，持续进行复查、提炼并在需要时扩张数据库。针对一个成功的污染防治评估和连续性的减少废弃物操作方案而言，获取精确和全面的数据是非常关键的。不可以随意减少你不了解的东西。

步骤 11 至步骤 14 总结：

在步骤 14 的结束部分，你应该已经将工艺过程中涵盖的进料和出料信息整合完毕。这些操作单元所涉及的数据都应该被总结和清晰地展示在物料平衡中。这些数据是开展减少废弃物排放工程的基础。

三、第三阶段——合成

第一和第二阶段涵盖了污染防治评估的计划和开展过程，完成了针对每一个操作单元的物料平衡的准备工作。

第三阶段展现了利用物料平衡来确定关注的工艺过程或组件的意义所在。

评估者的关注点主要集中在物料平衡。对于物料平衡所需的进料和出料数据的整理有利于更加深入地了解生产工艺过程中物料的流向。

为了更好地了解物料平衡，就必须理解正常运行的性能。如果你不清楚什么样是运行正常，那么你如何来评估一个操作单元是否在有效率地运行？工作小组中必须有一名非常了解工艺运行知识的成员。

对于一双训练有素的眼睛而言，物料平衡指出了那些需要关注的区域，并且有助于区分哪些是需要优先解决的废弃物。

你应该合理运用物料平衡以辨识出主要的废弃物来源，依据废弃物产生寻找出偏离正轨的情况，辨识出发生不明原因损失的区域，标出超出国家或工厂排放标准排放废弃物的操作单元。不同的减少废弃物产生的措施需要不同程度的努力、时间和财政来源。这些措施大致可分为两类。

第一类：显而易见的减少废弃物的措施，可以是低成本或无成本的，包括技术管理的提升以及可以低成本且迅速实施的客房服务工作。

第二类：长期的减排措施，包括整改工艺或替代工艺以彻底解决废弃物问题。

越来越多的重复利用和循环过程介于立即措施和替代措施之间。

步骤 15 至步骤 17 描述了如何辨识减排废弃物的措施。

步骤 15：检测明显的减少废弃物的措施。

在开始着手获取物料平衡数据之前，可能已经实施了非常明显的减少废弃物的措施（请参阅步骤 3）。在整个收集数据阶段，考虑到物料平衡信息，并与目视观测相结合，这样可以减少不必要的损失以大幅提升工艺效率。

利用从各个操作单元收集到的信息，对所有操作单元开展更加优异的操作试验。

通过优化操作过程、研究更好的处理方式以及赋予更高的关注度这些手段来大幅度减少废弃物的产生。下面列出的这些减少废弃物的手段仅需很少成本甚至无成本即可实施。

（1）明细及订购材料：

① 禁止过多地订购材料，特别是当原材料有泄漏风险或难以储存时。

② 在购买原料时尽量购买易于处理的形式，例如以球块状代替粉状。

③ 通常来讲，购买块状的原材料会更加有效率和便宜。

（2）收到材料：

① 对供应商要求质量控制，包括拒绝破损、泄漏或无标签储罐。

② 对所有运到工厂的材料都先进行目测检查。

③ 检查一麻袋原料的质量与订购质量是否一致，供应的体积与订购体积是否相同。

④ 检查组成和质量是否合格。

（3）材料的储存：

① 建立高标准的管控储罐的措施以防过量装填。

② 码头的储罐需要包含防溢出措施。

③ 使用那些可以转移并提升的储罐，以及那些具有圆滑边缘的储罐，目的在于易于排水和清洗。

④ 对于储罐专罐专用，仅接收一种类型的材料，不可因接收一系列类型的原料而导致需要经常清洗。

⑤ 确保所有的储罐都存放在一个安全稳定的地点，避免在储存过程中发生损坏的情况。

⑥ 执行一个严格的储罐检查的措施——定期检查储罐和相关文件来避免将材料储存到错误储罐的情况发生。

⑦ 将储罐覆盖或密封可减少蒸发损失。

（4）材料和水的转移和处置：

① 最小化需要转移到现场的次数。

② 检查传输管线是否存在泄漏情况。

③ 柔性管线是否过长？

④ 从传输软管处接排水。

⑤ 堵住泄漏，并严格执行防漏法规来确保减少水的消耗量。

（5）过程控制：

① 设计一个监控程序来检查各个操作单元的排放废弃物情况。

② 对于所有设备进行日常保养有助于减少工艺过程中的不明损失。

③ 对于如何通过改进工艺来减少废弃物产生的反馈可以激励操作者，同时让员工们了解为什么实施这些措施且了解预期可获得的结果是十分重要的。

（6）清洁步骤：

① 最小化用于清洗和洗涤管路的耗水量。在很多工厂中，不加考虑的用水量在整个废水量中占很大比例。通过安装自密封阀来确保软管未关闭的情况。

② 调研在处理排放前如何更好地保存和再利用这些洗涤用水，同样适用于清洁的溶剂方面。通常情况下，这些至少都可以被重复利用一次。

严格管控定置摆放步骤可以大幅度地减少废弃物的产生。简单来说，对于一个工艺过程进行快速调整可以获得一个有效的优化。当这些简单的减排措施无法解决所有的排废问题时，需要考虑更加细节化的减少排废措施（步骤 16 至步骤 18）。

步骤 16：瞄准并明确问题废弃物的特征。

利用对每个操作单元开展的物料平衡信息来精确定位工艺过程中出现问题的方位。

计算物料平衡时可能通过一些成本高的处理措施揭示了废弃物的来源，或指出了哪个废弃物引发了哪个操作单元的运行问题。物料平衡可用于明确哪些是长期减排的优先事项。

在这一阶段，应该考虑一些造成废弃物产生的潜在因素。例如，落后的技术，缺乏保养措施，或未能按照公司规定操作。

对废弃物进行额外采样和表征是十分有必要的，以进一步分析来精确计算出污染物的确切浓度。

将废弃物按照减排措施的优先程度进行排序并列出。

步骤 17：分离。

对废弃物进行分离可以提供更多循环再利用的机会，同时达到节约原料成本的目的。将简单的废弃物集中相较于稀释或复杂化废弃物可能更加具有价值。

将废弃物进行混合可能会加剧污染问题。如果一种高浓度的废弃物与大量废污染物流进行混合，那么会形成一种需要处理的更大体积的废弃物。将高浓度的废弃物与一般废弃物隔离可减少处理成本。高浓度的废弃物可以被循环再利用或通过物理、化学以及生物手段处理以达到排放的级别，而一般废弃物流可直接再利用或仅需要在处理前完成沉淀过程。因此，废弃物的分离可以提供更加宽泛的循环再利用的范围，与此同时也减少了废弃物的处理成本。

将废弃物收集和处理设施重新回顾一下，评估将废弃物分离这一措施是否可行；并将列出的废弃物优先表做出相应的调整。

步骤 18：采取长期的减排废弃物的措施。

当简单的过程调整和优化无法解决定置摆放过程中产生的废弃物问题时，那么将需要更加大量的、长期的减排废弃物的措施。针对废弃物问题着手制订可行的预防方案是势在必行的。

可能提高生产效率并减少废弃物产生的过程或生产调整包括：

（1）生产工艺过程中的调整，连续的或批次的。

（2）设备或设施安装的调整。

（3）工艺过程控制的调整，自动化。

（4）工艺过程条件的调整，例如，停留时间、温度、搅动、压力、催化剂等。

（5）在处理有机溶剂时适当地使用分散剂。

（6）在生产过程中减少原料的使用量或种类。

（7）通过废弃物的再利用替代原料或使用可以减少废弃物或减少废弃物毒性的其他原料。

（8）采用更加清洁的技术来替代原有工艺。

当材料充足并可被浓缩或净化时，废弃物的再利用将更可能被实施。反向渗透、超滤、电渗析、蒸馏、电解与离子交换等技术可以确保材料的再利用，并减少甚至消除废弃物处理的需要。

当废弃物处理是必需的时候，可以考虑采用一系列的新技术。这些技术包括物理、化学以及生物学处理过程。在一些情况下，这些技术可将昂贵的材料实现回收再利用。可能一些工厂可以将你无法现场处理的废弃物进行处理或再利用。因此，需要调研建立一个用于分享处理或再利用设施的办事处的可行性。

同时考虑产品优化或生产更加清洁、更加环境友好产品的可能性，考察的范围同时包括现有产品和未来即将开发的新产品。

步骤15至步骤18总结：

在步骤18的最后，你应该明确所有可以被实施的减排方案。

步骤19：对减排方案的环境和经济评估。

为决定哪些措施可用于减排实施方案中，需要考虑每一个措施的环境效益和经济效益问题。

（1）环境评估。

人们通常认为减少废弃物的排放对环境有利。这在大多数情况下是正确的；然而，也有例外。举个例子，减少一种废弃物的产生可能造成 pH 值的不平衡，或者可能会产生另外一种更难处理的废弃物，从而对环境产生更加不利的影响。

在很多情况下，这些效益是十分明显的，例如，通过分离手段从废水中去除一种有毒物质，或者通过优化工艺过程来避免废弃物的产生。

在其他情况下，环境效益可能并非是有形的。建立一个更加清洁、健康的工作环境从而提高生产效率，这可能是难以量化的。

对于每一种措施，都需要询问一系列的问题：

① 每一种措施在处理废弃物过程中是否对废弃物的体积和有毒程度造成影响？

② 这种减废措施是否具有跨介质效应？举个例子，减少气体废弃物排放是否造成了液体废弃物的排放？

③ 这种措施是否改变了废弃物的毒性、降解能力或处理能力？

④ 这种措施是否使用了或多或少的非再生资源？

⑤ 这种措施是否减少了能耗？

（2）经济评估。

对于废弃物减排措施以及目前情况开展一个比较性的经济分析。当产生的效益无法被量化时（例如，减少未来负债、员工健康安全成本），需要开展一些质量评估。

废弃物减排措施的经济评估应该涉及运行成本的比较，从而解释可以节约哪些地方的成本。举个例子，一个废弃物减排措施可以减少原料在排废过程中的损失量，进而可以节约原材料的成本。替代原料或优化工艺可能减少需要运输到非现场的固体废弃物的量。废弃物处理造成的运输费也因此减少。

在很多情况下，就现有条件对减排废弃物措施的成本进行对比是恰当的。

执行不同的减排废弃物措施可能会导致需要处理的规模和过程也大不相同。这就需要在经济评估中考虑。

计算现有工艺过程的年操作成本，包括废弃物处理费用，并估算当引入减排措施时会有哪些改变。制作表格并比较现有和未来将要建设的废弃物管理措施的工艺和废弃物处理操作成本。在表 5-10 中给出了一个例子，显示了一些典型的成本组成。另外，如果还存在一些货币效益（例如循环再利用的材料或废弃物），那么这些将从总的工艺或废弃物处理成本中相应地减去。

表5-10 工艺和废弃物处理成本的年度总结示例

项目		年度成本
工艺操作成本	原料1	
	原料2	
	水	
	能量	
	人工	
	维护	
	管理	
	其他	
	总计	
废弃物处理运行成本	原料（如石灰）	
	原料（如絮凝剂）	
	水	
	能量	
	污水排放成本	
	运输	
	非现场处置	
	人工	
	维护	
	管理	
	其他（例如，违反、罚款）	
	总计	

现在你可能已经明确年度工艺和废弃物处理操作成本中可能减少的部分，需要考虑实施各个措施所需的必要投资。通过关注每个措施的回报率进而评估投资规模。投资回报阶段是指一个项目恢复其财务支出所需的时间。一个更加细化的投资分析将涉及内部回报率（IRR）和净现值（NPV）的评估。对于投资风险的分析，将允许你对可选措施进行排名。将环境效益和工艺及废弃物减排措施节约的成本同回报阶段一同视为一种投资，进而决定哪种措施是可行的。

步骤 20：开展以及实施方案计划，减少废弃物并提升生产效率。

将步骤 15 中提到的可立即采取的减排措施与步骤 18 和步骤 19 中提到的长期减排措施一同考虑。这些措施为废弃物减排方案奠定了基础。在实施 CP/P2 评估之前，应事先解释说明实施目标。

将那些需要以新的工艺措施开展工作的人员的理念从末端管理转变为污染防治是十分有必要的，这将有利于提升整个工作的效率。

在工厂周围粘贴宣传板来强化减少废弃物排放的重要性，强调减少废弃物的排放将有助于减少生产或污染治理的成本，同时从某种程度上提升公司人员的健康和安全意识。

在合理的时间表内指定将要实施的措施计划。请记住，让员工们开始一种新的思维方式并适应这一过程将会花费不少时间。因此，缓慢并持续的实施减废方案是一个很好的提议，这将给每个人时间来适应这些改变。

在实施减排废弃物方案的同时建立一个监控方案，从而可以有效率地衡量实际的优化措施。将这些结果传达给每个人员作为减排废弃物效益的证据。采用内部记录系统维护、管理物料平衡和评估废弃物减少的数据。

在污染防治评估调查过程中，应该将重大的间断或非连续的信息着重标出，应该重点关注这些间隔并探索更多数据的方法。是否需要外部帮助？

一个好的减少废弃物激励方案是建立一个内部废弃物管理系统，包括那些大量产生废弃物的工艺或需要高昂的处理费用的废弃物。另外一种激励员工的方法是提供财务奖励，给那些为减少废弃物付出努力并通过实施减少废弃物方案从中获得成本节约的员工。

污染防治评估应该作为一项日常工作。尝试着针对你自己的情况开展一套特定的污染防治评估方案，对于先进的可以减排废弃物的技术保持开放的状态，并开展生产更加清洁的产品。对于工艺操作员工进行培训，让他们了解如何开展物料平衡计算。

对于在工艺过程中工作的人员进行培训，使他们可以开展污染防治评估工作，从而提升工作意识。如果没有操作人员的支持，那么减少废弃物措施将是无效的——因为这些人员将是可以真正地对工艺性能做出改变的人。

步骤 20 总结：

（1）准备一份翔实的 P2 操作计划，确保从高级管理层中获得评估支持和实施结果。缓慢地执行实施方案可以让员工们更好地适应。

（2）有效地监控工艺过程。

（3）将结果反馈给员工，展示实施的直接效益。

四、工具包和工作表

下面的工作表可协助开展 CP/P2 评估工作。工作表可在相应的网站中获取。

P2 工具包在微软 Microsoft Access 平台中运行。你将需要微软 Microsoft Access 平台来运行工具包。这个工具包中提供了一个简单的管理工具的数据库，可以协助 P2 审计的进行。工具包可以对多个文件完成储存、检索和打印功能，以一个简化的报告形式协助工作小组完成多个 P2 机会的评估工作。

工作表1　防污染小组

完成人：		日期：	
公司：	机构名称：		
组长：	头衔：	电话：	

成员名字	职责		电话
	公司	小组	
	厂长	组长	
	质量控制	工程	
		过程	
	环境顾问	环境	
	销售／会计	成本分析	

防污染小组的职责

1. _____

2. _____

工作表 2

地点：

完成人：   日期：

1. 设施名称：＿＿＿＿＿＿＿＿＿＿＿＿＿＿＿＿＿＿＿＿＿＿＿＿＿＿＿

2. 设施／公司所有人：＿＿＿＿＿＿＿＿＿＿＿＿＿＿＿＿＿＿＿＿

3. 联系人：＿＿＿＿＿＿＿＿＿＿＿＿＿＿＿＿＿＿＿＿＿＿＿＿＿＿＿

4. 地点地址：＿＿＿＿＿＿＿＿＿＿＿＿＿＿＿＿＿＿＿＿＿＿＿＿＿

   街道：＿＿＿＿＿＿＿＿＿＿＿＿＿城市：＿＿＿＿＿＿＿＿＿＿＿

   州，邮编：＿＿＿＿＿＿＿＿＿＿＿＿＿＿＿＿＿＿＿＿＿＿＿＿＿

5. 现场定位的法律描述：＿＿＿＿＿＿＿＿＿＿＿＿＿＿＿＿＿＿＿

   ＿＿＿＿＿＿＿＿＿＿＿＿＿＿＿＿＿＿＿＿＿＿＿＿＿＿＿＿＿＿＿

6. 预估地点规模：＿＿＿＿＿＿＿＿＿＿＿＿＿＿＿＿＿＿＿＿＿＿＿

7. 邮寄地址：＿＿＿＿＿＿＿＿＿＿＿＿＿＿＿＿＿＿＿＿＿＿＿＿＿

   街道：＿＿＿＿＿＿＿＿＿＿＿＿＿城市：＿＿＿＿＿＿＿＿＿＿＿

   州，邮编：＿＿＿＿＿＿＿＿＿＿＿＿＿＿＿＿＿＿＿＿＿＿＿＿＿

8. 电话和传真号码：＿＿＿＿＿＿＿＿＿＿＿＿＿＿＿＿＿＿＿＿＿＿

   电话：＿＿＿＿＿＿＿＿＿传真：＿＿＿＿＿＿＿＿＿其他：＿＿＿＿

工作表 3　环境现场具体因素

完成人：　　　　　　　　　　　　　　　　　　　日期：

1. 到最近水塘的距离：_____

　　水塘名称：_____

2. 到其他生物敏感区的距离（例如，水禽繁殖地或其他）：

　　距离　　　　　　　　区域描述

　　_____

　　_____

3. 到最近人口稠密地区的距离：_____

　　城市名称：_____

　　到最近地下水井的距离：_____

　　现场到地下水的深度：_____

　　现场土壤的组成：_____

4. 现场平均年降水量：_____

　　（列出数据来源）：_____

5. 现场是一个 100 年的洪水平原吗?　_____

　　（列出数据来源）：_____

6. 暴雨排放点：

　　_____

　　_____

　　_____

　　_____

工作表 4　预审计信息采集

完成人：		日期：

1. 设施名称：＿＿＿＿＿＿＿＿＿＿＿＿＿＿＿＿＿＿＿＿＿＿＿＿＿＿

2. 数据联系人：＿＿＿＿＿＿＿＿＿＿＿＿＿＿＿　电话：＿＿＿＿＿＿

3. 使用中的化学物质：＿＿＿＿＿＿＿＿＿＿＿＿＿＿＿＿＿＿＿＿＿＿

4. 现场审核的文件汇总：

文件	可用（是／否）	最新版本的日期	位置／注释
公司介绍（例如，产品、服务或其他）			
程序描述			
建筑、操作区域或其他区域的图表、蓝图和画图			
设计相关的信息（设备列表、设备描述、过程流程图）			
手动运行和标准运行操作（SOPs）			
库存化学品			
产品库存			
材料安全数据表			
污染监控数据／报告			
危险废品单			
环境审核报告			
监管许可证和通信			
消防验收报告			
雇员培训记录			
操作数据日志			
预防性维护记录			

5. 可用的辅助信息：

文件	可用（是／否）	最新版本的日期	位置／注释
物料平衡分析信息：输入流			
产品流			
废品流			
能源和水的使用			
燃料消耗			
电记录			
劳动力使用成本			
操作和维护成本			
水的使用成本			

工作表5　化学品使用数据汇总

完成人：　　　　　　　　　　　　　　　　　日期：

1. 设施名称：＿＿＿＿＿＿＿＿＿＿＿＿＿＿＿＿＿＿＿＿＿＿＿

2. 材料汇总：

<table>
<tr><td></td><td>A　B　C　D　E　F　G</td></tr>
</table>

原材料：

商品名称

化学品名称

成分／配方／属性的关注

成分和浓度（指定单位：％，μg/g，其他）

年消费率（指定单位：lb，kg，t…）

供应商：

供应商1

供应商2

成本：

单位购买价格，指定购买单位（美元／单位值）

总的年花费（美元）

运输和储存信息：

运输模式（车辆类型）

正常订单／运输规模

每年出货量

装运容器（尺寸和类型）

储存模式

传输模式

库存尺寸（最大）

空集装箱管理（描述）：

工作表 6　合规性

完成人：_____　　　　　　日期：_____

1. 设施名称：_____

2. 数据联系人：_____电话：_____

3. 空气排放及控制

　　(a) 检查控制排放源：

　　　　□ 真空吸尘器和窑　　　　　□ 罐

　　　　□ 反应器　　　　　　　　　□ 散装燃料处理

　　　　□ 锅炉　　　　　　　　　　□ 焚化炉

　　　　□ 溶剂利用站　　　　　　　□ 搅拌和混合

　　　　□ 脱脂剂　　　　　　　　　□ 其他，指定

　　(b) 列出相关许可证／或法规的责任机构：

　　　　_____

　　　　_____

　　(c) 勾选适当的答案：

	否	是	不适用
在设备运行过程中是否进行了污染控制？	□	□	□
监控结果是否可用在报告中？	□	□	□
监控的频率和分析的敏感度是否符合相关许可和监管要求？	□	□	□
结果是否符合上一年度的监管范围？	□	□	□
结果是否符合近 3 年的监管范围？	□	□	□
是否有必要向监管机构提交报告？	□	□	□

4. 液体排放：

　　(a) 识别污水排放的来源：

　　类型　　　　　　　　　　　处理位置

　　雨水排放点

　　处理系统排放

　　其他

　　(b) 列出许可及／或法规责任机构：

　　　　_____

　　　　_____

续表

(c) 勾选适当的答案：	否	是	不适用
在设备运行过程中是否进行了污染控制？	☐	☐	☐
监控结果是否可用在报告中？	☐	☐	☐
监控的频率和分析的敏感度是否符合相关许可和监管要求？	☐	☐	☐
结果是否符合上一年度的监管范围？	☐	☐	☐
活性炭床层是否有改变？	☐	☐	☐
过滤装置是否有改变？	☐	☐	☐

工作表 7　散装液体和气体的控制

完成人：　　　　　　　　　　　　　　　　　　　　　日期：

1. 散装液体和气体库存：

储存类型（UST 或 AST^①）

产品	以及体积（指定单位）	容量是否充足？见 2c
A.		
B.		
C.		
D.		
E.		
F.		
G.		

2. 地上储罐

勾选适当的答案：	否	是	不适用
储罐是被放置在具有防渗层的底板上吗？	□	□	□
地板是否是密封的，没有任何裂缝的迹象？	□	□	□
所有的容量都是超过最大罐的 150% 或最大罐体积吗？	□	□	□
储罐是否都无腐蚀和物理伤害？	□	□	□
所有的储罐是否被安全地安装和保护以避免碰撞？	□	□	□

3. 地下储罐（UST）

勾选适当的答案：	否	是	不适用
所有的 UST 是否都小于 10 年？	□	□	□
是否对 UST 和管线进行泄漏年检并保存记录？	□	□	□

4. 所有储罐

勾选适当的答案：	否	是	不适用
储罐在事故影响下是否是安全的？	□	□	□
储罐是否有溢流保护及 / 或报警？	□	□	□
储罐的排水是否与化学品卸货区和储罐储存区隔离？	□	□	□
非重力进料系统是否用于燃料供应和分配？	□	□	□
分散系统在不适用时是否被断电并上锁？	□	□	□

续表

	否	是	不适用
在化学品分散区域是否有滴水和溢出规定？	☐	☐	☐
在化学品储存和处理站是否提供散装泄漏响应包？	☐	☐	☐
是否有书面的泄漏响应程序？	☐	☐	☐
在过去的一年里是否提供了泄漏响应培训？	☐	☐	☐

5. 灭火

勾选适当的答案：

	否	是	不适用
消防设备是否处于可用状态？	☐	☐	☐
是否有书面的火灾反应和控制计划？	☐	☐	☐
在过去的一年里是否对员工进行培训？	☐	☐	☐

① UST 为地下储罐，AST 为地上储罐。

工作表 8 设施状态识别

完成人：			日期：	
1. 监管合规总结：				
监管许可	许可证号	签发日期	更新日期	合规状态
液体流出物				
废品				
气体许可证				
固体废弃物许可证				
其他（在这里和下方列出）				
从之前的工作表和优先项目清单中审阅需要解决的数据。				
2. 总结关注的区域，例如灾难性的泄漏和现场污染：				
列表号及工作表 ID		P2 团队的优先权和推荐依据		

工作表 9　P2 措施的识别

完成人：	日期：

1. 推荐立即执行的措施（低成本／无成本措施）：

推荐措施	优先	P2 措施类型

2. P2 机会和可能的选项识别：

污染防治机会	可能的措施

工作表 10　CP/P2 技术可行性评估

完成人：　　　　　　　　　　　　　　　　　　　　　　日期：

本表格应用于各个 P2 机会的评估

1. 描述关注的领域（例如，污染、废物、物料损失、过剩的水、能源、安全及其他）：

2. CP/P2 机遇描述：

3. CP/P2 选项（勾选）：

　□ 设备相关

　□ 工艺过程相关

　□ 原材料相关

　□ 人员 / 安全相关

　□ 能源相关

4. 描述所需的人员条件（例如，培训、安全、其他）：

5. 提供空间和实用需求的描述，是否可用？

6. 请解释产品质量或服务是否会被影响？

7. 建议是否会造成其他环境或健康和安全问题？如果是，请解释。

8. 技术可行性排序（勾选）：

　□ 容易获得

　□ 需要有重大工艺变更

　□ 微小的设备 / 管线变更

　□ 需要发展新工艺

　□ 微小的工艺过程变化

　□ 需要新工艺

9. 请解释机会的技术可行性是否需要经济分析

工作表 11

第 1 部分：P2 金融吸引力

完成人：   日期：

本表格应用于各个 P2 机会的评估

1. 描述 CP/P2 选项：

   采购费用   成本

2. 资本成本：

   回收设备_____

   材料（管线、泵、风扇、鼓风机等）_____

   现场准备和安装_____

   工程服务_____

   许可证_____

   公用连接_____

   总资本成本_____

3. 年运行成本：

   利息费用（资本成本 × 利息）_____

   折旧费用_____

   初始培训费用_____

   操作费用（劳动、公用事业、维护）_____

   环境改造成本 / 废弃物处理_____

   监测和其他环境监测费用_____

   总计——第 1 年_____

   利息费用_____

   折旧费用_____

   经营费用（以每年 5% 的增长为基础增加或持平）_____

   环境改造成本 / 废弃物处理（以每年 5% 的增长为基础增加或持平）_____

   监测和其他环境监测费用（以每年 5% 的增长为基础增加或持平）_____

   总计——第 1 年_____

第 2 部分：成本节约评估

完成人：　　　　　　　　　　　　　　　　　　　日期：

数量（指定单位）	成本（美元）	节约（美元）	标注

1. 产品回收：

　　回收产品数量

　　回收产品成本

　　回收产品节约总计

2. 再生水：

　　再生水量

　　单位体积成本

　　机会成本（再生水的更高价值的应用）

　　再生水总储蓄（单位体积成本 × 再生水量＋机会成本）

3. 节约费用：

　　允许减少的费用

　　减少监测的费用

　　减少下水道排污的费用

　　减少污染的费用（空气＋水以外的污水排放）

　　固体废弃物处置的费用

　　总污染费用

4. 节约能源：

　　年电力

　　节约燃油

　　蒸汽减少费用

　　总的能源节约

5. 节省劳动力：

　　减少劳动力（如小时）

　　单位劳动成本

　　劳动力总储蓄

　　表观总储蓄

6. 成本效益的储蓄

　　真正的成本节约（总的年度成本）

第六章　IER案例研究

第一节　简　介

本章将以一个约旦炼厂（约旦炼油公司）EMS/P2 项目中的部分内容为案例开展研究。该课题是我在工业、农业和园林绿化再利用（Reuse for Industry, Agriculture, and Landscaping, RIAL）工程中设计并管理的。RIAL 工程由美国国际开发署（United States Agency for International Development, USAID）提供资金，在清洁发展机制（Clean Development Mechanism, CDM）国际组织的一项合同框架内实施。

RIAL 工程旨在帮助约旦政府（Government of Jordan, GOJ）进一步提高水资源再利用的可持续性。任务 3（水资源的再利用及保护和工业污染源的防治）是 RIAL 中的一个主要组成，聚焦于发展一项改善工业水循环、利用和保护的国家战略。

在任务 3.2（EMS/P2 项目的实施）中，RIAL 致力于在 ISO 14001 标准体系下，以更高的环境表现来提高企业的竞争力，进而实现污染防治（Pollution Prevention, P2）的执行。通过降低源头的污染、浪费和低效，使制造过程消耗更少的能量和原材料，以达到更少依赖末端治理手段的目的。任务 3.2 关注点在于那些将 ISO 14001 和 P2 的要素构建到约旦商业实践中的企业特定项目。通过向企业展示良好的环境效益会改善企业的财务业绩，企业将会致力于减少源头的浪费和低效。

这个案例研究有助于阐述 EMS 的应用可显著改善财务和环境效益，进而使一个公司更具有竞争力和持续力。RIAL 工程主要的成果如下：

（1）建立正式的环境项目和企业环境政策方针。

（2）形成由高层管理人员构成的 EMS 执行委员会。

（3）组建 EMS/P2 管理团队。对技术人员和高层管理人员开展 P2、EMS、ISO 14001 和 EMIS（环境管理信息系统）的现场培训，开展 P2 成本效益分析。

（4）完成全厂范围的 IER（早期环境评估），并梳理了炼厂存在的环境因素。

（5）开展公用工程的 P2 审查和成本效益分析，给出零成本/低成本、一般成本和高成本 P2 的选项。

（6）落实整改措施。

基于本项目中给出的 P2 选项，仅原材料节约一项就实现了 140 万美元的效益。如果把能源、劳动生产率和更高产量等方面的节约考虑在内，按照其他炼厂使用的计算方法，企业实际节约超过 250 万美元。项目给出的 P2 选项进一步降低了大约 $25 \times 10^4 \mathrm{m}^3/\mathrm{a}$ 的用水需求，使总原材料节约达到了 27.8×10^4 t/a。

第二节　方　法　论

该炼厂拥有多个操作单元，包括一个位于亚喀巴口岸的燃料输送装载设施。由于课题资源不能满足整个企业的需求，因此通过向炼厂人员传授足够的手段和知识，使他们掌握针对炼厂具体操作单元 EMS/P2 项目中的关键内容。这种方法实现了技能的传授，并建立了单一操作单元的 EMS 模型，进而使企业拥有丰富的经验、知识基础和手段，在公司层面实现了模型的推广。

为推动项目实施，建立的分步模型如下。

步骤 1：与公司高层管理人员会谈讨论。在这些会晤中取得正式承诺以确保项目实施，包括统一界定和承诺为项目提供哪些企业资源。

步骤 2：组织 P2 和 EMS 早期培训。通过更广泛的培训和现场实习，进一步强化培训的效果，使企业员工掌握如何执行 IER、梳理自身岗位的环境因素及开展 P2 审查。

步骤 3：对设施开展事前审计，确定 EMS/P2 项目实施的流程。事前审查还能界定所需企业提供的人力资源和物流支持程度，为具体实施方案和日程表奠定基础。

步骤 4：公司层面的随访会议和保证。召开与公司高级管理层的会议，确定项目目标和可交付成果，提出需企业提供的支持程度，讨论项目成本与效益回报，形成正式的实施日程表。会议还要取得企业与 RIAL 之间的谅解备忘录。

步骤 5：公司环境政策声明。为确保更高的公司承诺，需要企业制定一项公司环境政策声明。在政策声明文件中包括为高层管理人员提供政策案例和指导。该政策声明是企业的一项成果，它既反映了企业对于环境效益和水资源管理的高水平政策，更是一种将环境保护作为核心价值的表述。项目的启动优先于炼厂中所有的书面政策。该政策声明已向当地新闻媒体发布，以宣传资料的形式分发给公司员工和供应商，并在公司网站上公开。

步骤 6：组建一个 EMS/P2 管理团队。这个团队由企业骨干员工和作为管理团队的技术顾问的 RIAL 团队成员共同组成。在项目启动时，炼厂指派一名员工兼职负责全厂的环境管理。这名员工的职责延伸至其他装置设施。整个 EMS/P2 管理团队由 4 个全职人员组成。另外，企业还要重组现有的健康和安全部门，将他们整合入 EMS/P2 管理团队。

步骤 7：开展 IER。在任务 3 的技术顾问提供的指引下，EMS/P2 管理团队开展全厂的 IER。在此实践过程中，一份调查问卷有助于指导团队开展工作。这份 IER 调查问卷经过精心、有针对性的设计，以便获得更详细的工艺流程信息。

步骤 8：环境矩阵。数据收集之后，将所有环境因素在一个矩阵中展示出来。通过一系列的训练和现场培训，EMS/P2 管理团队掌握了用数值评分系统梳理环境因素的方法，《绿色效益》一书对这种方法做了描述。通过环境矩阵，管理团队能够以公众健康风险、工人安全、与环境的相互关系、财务和物质损失，以及生产效率等作为指标对环境因素进行排序。另外，一些零成本 / 低成本且可立见回报的 P2 选项也被提出。从这些信息中，管理团队确定出 P2

审计的方向，并为P2选项制订一份即时的整改措施（Corrective Actions，CA）实施方案。

步骤9：整改措施实施方案。首先，整改措施实施方案呈交至公司管理层，通过阐述P2可带来的经济效益来强化对项目的承诺；其次，它确实可以实现一部分的节约。提出的大部分零成本/低成本P2选项属于企业日常维护范畴。

步骤10：P2审计。EMS/P2管理团队在RIAL任务3成员的协助下，按《绿色效益》第3章概述的22步流程开展P2审计。上述22步应在该书中定义的三阶段体系（Three-Phase System）内实施：阶段1为原始数据收集，包括工艺流程图的开发；阶段2则以物料和能源衡算来对工艺过程中的各种流量进行量化；阶段3为综合分析，包括损耗的量化，P2选项的源减排带来的节约效益，以及开展成本效益分析。P2选项将被用于低成本/零成本、中等成本和高成本模式。EMS/P2管理团队准备一次正式报告，向公司高级管理层汇报整改建议。

步骤11：进行项目结束会谈。炼厂的EMS/P2管理团队和任务3成员共同向公司高级管理层汇报。这次会议将达成：对零成本/低成本P2选项的即时整改措施提供支持，对中等成本的P2选项的实施承诺，成立项目成本核算小组对高成本P2选项开展更具体的成本效益分析。

该炼厂投产于1961年，目前拥有3493个全职职员。该厂的任务是向本国供应满足约旦国家标准的石化产品，这些国家标准与国际标准一致。

该企业是一家特许的股份有限公司，位于扎卡尔市的工业区内。它是约旦王国的主要经济支柱之一，也是一家约旦标准的大公司。

炼厂的原油来自沙特阿拉伯，通过公开招标从其他供应商获得服务和原料。基本产品为液化石油气、汽油（常规含铅汽油、特级含铅汽油和特级无铅汽油）、喷气燃料、煤油、柴油、燃料油、沥青、润滑油和液化石油气罐。该厂的主要操作装置包括三套原油蒸馏装置、两套减压蒸馏装置、汽油加氢装置、重整装置、FCC（流化催化裂化）装置、加氢裂化装置、液化气回收装置、制氢装置和两套沥青装置。

第三节　环境管理体系结构

企业设有一套完整的EMS/P2管理架构，包括：

（1）由监督所有环境问题的高级管理层组成的执行委员会。

（2）负责实时审核政策并为改善环境效益提出整改措施建议和指导的EMS管理团队。

（3）每月定期向EMS管理团队汇报的专职P2小组。EMS管理团队被高级管理层简称为EMS/P2管理团队。P2小组由来自于几个不同部门的技术专家组成。他们的任务是识别出可以减少在源头上的浪费、低效率及污染的技术实践和技术投资。P2小组拥有开展成本效益分析的手段，其关注点在成本效益好的建议上，为管理层对P2的投资决策提供建议。

完整的EMS/P2项目管理架构，应将炼厂技术支持和运营部门纳入ISO 14001的适时改进循环中，这些成为重组的基础。第二章提出的模型接近完成。

第四节　早期环境评估

IER 旨在建立企业的环境效益底线。它的目标是识别环境因素及其与工厂设施、公众、环境和商业等之间的相互作用。IER 包括环境效益评估、法规遵守或缺失和识别消极影响。绩效水平底线的建立,使后续的目标管理提升成为可能;目标管理提升也是 EMS 中持续改进周期中的一项关键因素。

以《绿色效益》为基础,IER 的模型方法在该企业中得以应用。此次 IER 全场范围实施。

该企业于 2004 年 12 月初填写了两份详细的调查表,一份为工业废水调查表,另一份为 IER 信息收集表格。随后,EMS/P2 管理团队将改进这两份表格,使其与管理团队收集的其他更详细具体的信息整合在一起。

识别出环境因素,并以半定量方法评估环境因素的影响。根据它们对健康、基于企业现行方法的管理成本、资源利用及其他方面的影响,对环境因素进行梳理归类。IER 还为企业提供了跟踪整改措施实施后的改善和节约效果的基准。

下文的论述给出了环境因素的概述及早期的 P2 建议。

一、原油卸载站

该厂的原油进口自周边国家,以 30t 公路油罐车运输至厂内。原油通过软管从油罐车导出至原油储罐输油槽内,经过输油泵站转移至原油储罐。图 6-1 显示了原油卸载站的情况。

卸载过程由工人手动完成。在卸载操作开始时,操作员打开阀门,将油罐车底部的积水排出。在这一过程中,原油被排放至地面流入工厂下水道(图 6-2)。另外,在卸载作业完成后,软管中残留一定量的原油,这部分原油也被排放至地面流入下水道 (图 6-3)。这些排放到地面的原油使地面湿滑,给工人带来了危险。

为确定被排入下水道的原油量开展了一次现场试验,此后这些原油专作燃料使用。在原油卸载站区域内的净原油损失达到了 10t/d (炼厂实验室测定;表 6-1 给出了油水分离结果)。考虑到原油成本约为 253 美元/t,如果作为燃料油出售价格为 112 美元/t,则净损失达到了

图6-1　原油卸载站

断开软管时,管中的原油排入下水道

图6-2　软管中残留原油被排放至下水道

141 美元 /t。这意味着每天损失 1410 美元或每年损失 50 万美元。这种污水是一种长期的资源损失，每年有成千上万美元被扔进下水道，仅有部分被分离回收作为燃料使用。

图6-3　卸载作业结束

这些流失的原油给污水处理厂增加了很大的处理负荷，污水处理厂的污泥也成为一个显著的固体废弃物问题。这种固体废弃物（污泥）通过污泥 / 晾晒池处理，污泥处理池被公认为是炼厂一个重大的长期负担。

表6-1　原油卸载站油水分离分析结果

编号	日期	时间	水含量 [%（体积分数）]	沉积物 [%（体积分数）]	60°F时API度 (°API)	相对密度 (60/60°F)
1	2015-03-30	8：00	0.0	0.8	31.71	0.867
2	2015-03-30	10：00	17.5	0.6	31.89	0.866
3	2015-03-30	13：00	0.0	1.0	31.89	0.866
4	2015-03-31	9：00	0.0	0.8	31.52	0.868
罐车中的样品			0.0	1.0	32.4	0.861

此外，原油使污水处理厂的分离器超负荷运转，降低了处理厂的效率，增加了污泥产量。

下列低成本 P2 建议提出后被炼厂采纳：

（1）在卸载作业全过程中，指导操作人员使用现有的软管运输车，减少残余原油排放至下水道。

（2）为软管配备密封帽，要求工人在完成油罐车卸货后用密封帽封住软管出口。密封帽是一种低成本投资（7 ~ 12 美元 / 个）。

（3）为卸载站制订一份书面程序，并提高操作人员对成本和负面影响的意识，使其认识到物料损失会带来成本增加，现行方法会带来环境和经济上的负面影响。

（4）在油水分离器处安装一台底斜舱回收罐和一台输油泵，将油罐车处不加控制而损失的原油收集并回收至原油储罐，如图 6-4 所示。预算费用约为 45000 美元或更少（包括底斜舱回收罐、2 台防爆输油泵、配件和密封帽等）。按简单的投资回报率计算，投资回收期约为 1 个月。

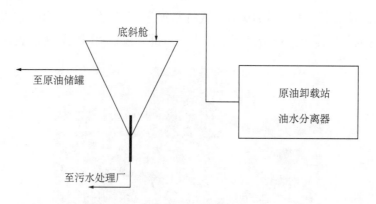

图6-4 建议的回收罐配置

二、液体石油产品装载站

精炼石油产品通过装载臂输送至油罐车中。装载站由两个车间组成，第一车间负责轻质液体产品（如汽油、煤油和柴油）的装载，第二车间负责重质产品（包括燃料油和沥青）的装载。

充装是在油罐车顶部注入，整个过程中顶部放空阀打开与大气连通。这导致了油蒸气的挥发，带来了严重的扩散排放。

为消除排放，现有操作应改为底部进料方式（图 6-5）[1]，在油罐车储罐顶部设置一条油蒸气回流管路，将蒸气输送至气体回收单元或现有的火炬系统[2]。

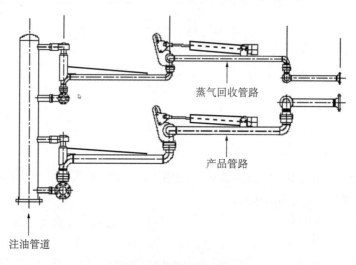

图6-5 底部进料方式

另一种环境因素是油品溢出。装载臂配备有单级截止阀。单级截止阀在充装过量时将导致频繁的溢出（图 6-6 和图 6-7）。现行操作方式导致的溢出油品被排入下水道，增加了污水处理厂的负荷。不断地溢出造成产品损失，长期来看将转变为重要的财务损失。为尽可能减少油品溢出和防止油罐车过量充装，建议为装载臂配备一个自动压控阀门和一个两级截止阀[3]。

[1] http：//www.loadtec.co.uk/02-ptl.htm.

[2] http：//www.porttechnology.org/journals/ed12/pdfs/pt12-195.pdf ；www.wodfieldsystemsindia.com/bottomloading-arms.htm.

[3] http：//www.woodfieldsystemsindia.com/loading-arms.htm.

图6-6　石油产品溢出

图6-7　溢出的石油产品被排入下水道

三、LPG灌装厂

LPG灌装厂以半自动设备灌装LPG储罐。该厂采用液体表面活性剂作为传送带的润滑剂。通常，由于表面活性剂会与油形成难以打碎的乳化物，这会降低污水处理厂处理油污的效率。这种乳化物将在下一个处理环节产生过多的泡沫。LPG灌装厂产生的碱性废水含有很高浓度的总溶解固体（TDS）（pH = 10.8，TDS = 16524mg/L，低雾度）[1]。

中等成本P2建议停止将LPG灌装厂废水排入下水道，以提高污水处理厂的效率。跨过污水处理厂的API油水分离单元，将这股废水转移到溶气气浮（Dissolved Air Flotation，DAF）装置。

第二项环境因素是LPG灌装厂通风设备不足。整个厂区弥漫着半自动灌装过程排放的LPG。炼厂应安装一套通风系统作为风险削减措施，以降低操作人员的健康风险。

四、运输车间

炼厂拥有油罐车车队，负责将各种石油产品向全国范围配送。该厂另配有独立的维修和清洁部门为车队提供技术支持。

在维修期间，润滑油被从油罐车中释放到下水道内（图 6-8 和图 6-9）。经过计算，每年排放的废润滑油为 40t[2]。

这表明大量的润滑油进入了下水道，因而增加了污水处理厂的油污和有机物负荷，对污水处理设备造成了冲击。尽管污水处理厂处理这种废润滑油额外增加的成本还无法计算，但很清楚的是，这将进一步降低 API 油水分离单元的工作效率和整个污水处理厂的运转效率。

为将污水处理厂的负荷尽量降低并改善车间的废油管理方法，下面所述的零成本P2建议已被采纳：

（1）培训工人如何处理废润滑油。操作人员应使用车间现有的油桶收集废润滑油。这些

---

[1] 摘自 Stone & Webster 报道。

[2] Talab Al-Jondy 工程师，运输部经理。

废油可作为燃料油收集，并回收至燃料油产品罐。废燃料油价格为 113 美元 /t，预计此项每年可节省 4789 美元。

图6-8　车间环境很差

图6-9　废润滑油被排入下水道（车间）

（2）提高工人的认识，使其了解排放废润滑油对下游工艺造成的问题和回收废润滑油可节约成本。

（3）在清洗操作过程中过量使用了去污剂。由于去污剂属于表面活性剂，会降低污水处理厂油水分离工艺的效率。为工人配备增压蒸汽清洗机，去污剂和水的用量至少可以降低30%。

（4）其他废弃物如废旧车辆零部件、废电池、机油滤清器以及轮胎等杂乱堆放（图 6-10至图 6-12）。这既形成了不安全的工作环境，泄漏到地面的油和清洗溶剂还造成了对土壤的污染。建议厂方专门分配一个特殊区域以分类储存这些废弃物和回收可利用的材料。

图6-10　厂区内堆放着的废旧车辆零部件

图6-11　废物杂乱堆放在厂区内

运输车间的另一项环境因素是车间的油水分离器。经过分离的油输送至污水处理厂的API 油水分离单元，而分离得到的水被排入沟渠内流出厂区。在油水分离器旁设有污水池，池内的污染废水经常溢出至沟渠内（图 6-13 和图 6-14），这违反了环境水排放法规，应立即整改。针对这一环境因素的 P2 建议是，停止将分离得到的油输送至污水处理厂的 API 油水分离单元，转而收集至污油罐，可进一步回收再利用。这项 P2 建议需要对回收油的品质进行评估才能确定是否采纳。在此期间，炼厂应修复污水池，停止向沟渠内排放污染废水，并将污染废水输送至污水处理厂。

图6-12　废物集中区域，造成土壤污染和长期负担

图6-13　油水分离器旁的污水池　　图6-14　污水池中的废水/油排放至沟渠内

五、技术服务实验室

实验室配备有可开展原油、石油产品、润滑油、水分析以及其他涉及工艺操作、质量控制和环境采样等分析的实验仪器。

存在着错误的实验室摆放，尤其是空的化学试剂瓶和容器的集中放置（图6-15和图6-16）。烃类样品和有毒有害化学试剂被排入下水道。以下列出的零成本P2建议已被采纳：

（1）所有化学试剂瓶、空的容器和过期化学试剂应作为危险废弃物进行处置：收集、储存并送至安全的填埋区。

（2）将所有烃类样品收集在容器内并回收至一个废油罐内。

（3）培训实验室人员安全处置和管理化学品。

图6-15　空的化学试剂瓶堆在一起　　　　图6-16　空的化学试剂瓶反映出实验室的
　　　　　　　　　　　　　　　　　　　　　　　　　　定置摆放管理较差

六、维修车间

维修车间负责所有设施的日常性和预防性维修。发现的一项环境因素是在维修过程中产生的废弃物和垃圾随意堆放。这些垃圾有保温材料（石棉）、含油的沙子、污泥、金属废弃物、清洗用过的化学品（图6-17）。下列零成本 P2 建议可解决上述摆放问题：

(a)　　　　　　　　　　　　　　　　　(b)

(c)

图6-17　维修车间的杂物和废弃物随意堆放

（1）将残留材料分为再生物和废弃物。将有用部分放入库房，将废弃物在安全的填埋场处理掉。

（2）为清洗作业编制书面规程，规程中应包含正确的废弃物管理和处置方法。

另一项环境因素是全场范围的蒸气、水、石油产品、原油、化学品和消防水等泄漏，显示出预防性维护程序的失效。这些泄漏造成了巨大的物料损失，更造成了巨大的经济损失。下述P2建议已被采纳：

（1）采用标记系统以增强预防性维护程序[1]。

（2）实施泄漏检测与修复程序[2]。

（3）实施计算机化的蒸汽疏水阀管理系统[3]。

七、油罐操作车间

1号和2号油罐操作车间储存有原油、中间馏分油和最终产品等。车间操作人员负责向最终产品中添加化学添加剂。

该车间存在大量泄漏点，且没有泄漏预防和响应程序。泄漏的物料被排入下水道，这将增加污水处理厂的负荷（图6-18至图6-20）。由于该车间采用人工操作，经常性地装料过满造成了泄漏。

图6-18　油罐车的泄漏物被排放至下水道，增大了下游污水处理厂的负荷

为尽可能减少泄漏，改善工作环境的安全条件，并降低污染物排放以减轻污水处理厂的负荷，厂方采纳了下列低成本P2建议：

（1）要求操作人员收集卸料过程泄漏的物料，不得使用沙子清理地面。必须收集残油，并将其回收至储罐；

（2）提高操作人员的意识，使其认识到本岗位造成的经济损失和负面环境影响。

（3）废除现有清洗方法，采用以水和清洁剂为去污剂的增压蒸汽清洗方法，可大大减少人员的路面滑倒现象[4]并减少污染物排放。

[1] http：//www.scafftag.com/products.asp?Index=3 和 http：//www.scafftag.com/products.asp?offset=10.

[2] http：//www.pacndt.com/index.aspx?go=products&focus=Leak%20Detection.htm.

[3] http：//www.tlv.com/en/product/internat/fb5/fb5pdf/e-tm000-hp.pdf.

[4] http：//rea-na.com/MI-brochure.htm.

（4）实施维护标记系统❶，并与泄漏监测和修复程序❷及计算机化蒸汽疏水阀管理程序❸结合使用。

（5）安装自动液位控制器以避免装料过满❹。

（6）化学添加剂为人工添加：操作人员将添加剂料桶（大约25kg）搬到储罐顶部后开始添加作业。这一过程存在安全隐患，应当立即停止并记录到安全和健康行动计划中。工人需要接受健康和安全风险培训，了解现有操作方式存在的问题。为解决这一问题，应安装化

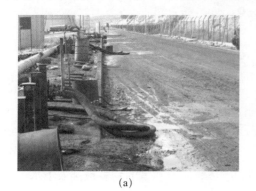
(a)

(b)

(c)

图6-19　卸料区的泄漏和不安全的工作环境。

(a)

(b)

图6-20　集中堆放的沾满污泥的油桶

❶ http：//www.scafftag.com/products.asp?Index=3.

❷ http：//www.pacndt.com/index.aspx?go=products&focus=Leak%20Detection.htm.

❸ http：//www.tlv.com/en/product/internat/fb5/fb5pdf/e-tm000-hp.pdf.

❹ http：//www.oil-in-water.net/arjay_gateway.htm 和 http：//www.simplexdirect.com/FuelSupply/controllers.html.

学添加剂自动配料系统❶。

（7）原油储罐底部存有大量的污泥，重金属的存在使其成为一个难以解决的问题。储罐底部污泥含有重金属、固体不溶物、水、腐蚀物和其他杂质（图6-21和图6-22）。通过准确地分离罐中存留的水和原油，可以有效地将罐底污泥减至最少。当原油储罐因检修或其他操作需要被排空后，底部积累的污泥（粗蜡）也被排入炼厂的下水道，其中的固化部分被转移到油桶中并送至炼厂的填埋场。炼厂应采纳并实施自动化储罐清洁方法和原油回收系统❷。这套系统将有助于改善粗蜡的原油回收率，同时降低污水处理厂和污泥池的负荷。

图6-21　蒸汽和产品损失以及不合理的现场摆放　　　图6-22　B-L真空机组的液体泄漏

（8）所有储罐的压力试验和检漏试验需要频繁使用大量的水。当实验结束后，使用过的水被排入雨水下水道系统。这部分水可被回收用作清洗用水或消防用水；为能够回收使用试验用水，储罐在试验前应清洗干净清除杂质。

（9）罐区下水道直接与污水处理厂相连，以应对任何可能的油品泄漏事故。这些泄漏物对API油水分离器和污水处理厂造成冲击。建议炼厂使用罐区附近未使用油水分离器，将回收得到的油输送至污油罐。

（10）炼厂应制订并实施书面的油料溢出预防和事故响应计划。

八、工艺装置

原油是在工艺装置中被炼制为最终产品。在这些装置中，在泵、阀门和蒸汽疏水阀等部位广泛地存在着蒸汽、冷凝介质、水、化学试剂、原油和石油产品等泄漏的现象。这些物料泄漏长期存在且体量很大，显示出物料和产品的巨大损失，也是严重的经济损失。图6-23至图6-25展示了这些环境因素。为减少损失并改善炼化装置的总体效能，炼厂已采纳下列P2建议：

（1）建立一套目标明确的预防性维护程序，并与维修标签系统❸、LDAR❹、计算机化蒸汽疏水阀管理系统❺或维修管理体系❻等中的一项结合。

❶ http：//www.automatedaquariums.com/aasdose.htm.

❷ http：//www.oreco.com/sw2800.asp.

❸ http：//www.scafftag.com/products.asp?Index=3.

❹ http：//www.pacndt.com/index.aspx?go=products&focus=Leak%20Detection.htm.

❺ http：//www.tlv.com/en/product/internat/fb5/fb5pdf/e-tm000-hp.pdf.

❻ http：//www.scafftag.com/products.asp?offset=10.

（2）制订并实施油料溢出预防和事故响应计划，以补充预防性维护程序。

（3）实施一项正式的跟踪系统，以长期跟踪这些程序实施所减少的损失和增加的效益。

图6-23　真空站的蒸汽和冷凝介质泄漏　　图6-24　蒸汽疏水阀是主要的蒸汽泄漏源（透平3）

(a)　　　　　　　　　　　　　(b)

图6-25　化工泵泄漏反映了缺乏有效的预防性维护程序

九、污泥池

该炼厂有7个污泥池，用来处理工艺操作中产生的废弃物（图6-26至图6-29）。这些污泥池没有防渗漏衬里，经常溢流入附近的排水沟而流到厂区外。

图6-26　一个未做防渗漏衬里的污泥池　　图6-27　一个正在修建当中的未做防渗漏衬里的污泥池

图6-28　污泥储存在桶中　　　　　　图6-29　一个有毒有害的污泥池

该厂没有明确的淘汰和修复这些污泥池的计划。但这些污泥池对地下水蓄水层和附近社区带来了威胁。

这些污泥池需要修复。它们造成了长期的环境和公共健康威胁。前文中提出的在污水处理厂减少污泥产生的P2建议，可缓解该厂未来的污泥管理问题。但炼厂必须处理眼前的污泥池问题。

提出了以下常规建议：

（1）炼厂应开展研究，摸清这些污泥池中污泥的确切体量。

（2）应设置地下水监测井以评估蓄水层是否受到从污泥池渗漏的有害物质的破坏。

（3）应调研成本效益好的修复土壤和被污染地下水的技术，并向最高管理层提出最佳实施方案的建议。

（4）应建设一批进行防渗漏衬里处理的污泥池，作为过渡到正确污泥管理的过渡方案。

十、废碱液曝气池

来自LPG回收和化学处理单元的废碱液存放在一个曝气池内已经很多年了（图6-30）。精馏过程的碱液在3年前开始回收。

该曝气池是一项环境因素，被归入整改目录。在曝气池周围可观察到受影响的植被，还伴有低水平的气体排放，特别是在冬天。

该环境因素引发了炼厂对这一部分开展的近期检查。炼厂应重新评估该曝气池的安全性，确保与其有接触的动物、公众和工人不暴露在不利的环境中（如应在曝气池外围建设围栏）。还应检查防渗漏衬里的完整性，设置地下水监测井，并评估可用于修复的选项。

十一、酸性水汽提塔

来自于精炼装置的酸性水被送至酸性水汽提塔脱除 H_2S、NH_3 和酚。该厂拥有两套酸性水汽提塔。

1号汽提塔处理量为 $42m^3/h$，处理来自1号常压蒸馏、2号常压蒸馏、FCC装置和1号减压蒸馏装置的酸性水。汽提操作是通过向汽提塔塔底注入蒸汽完成的。汽提尾气（H_2S 和 NH_3）直接排入大气，分离得到的酸性水直接输送至2号汽提塔。

2号汽提塔（图6-31）处理量约为16m³/h，接收来自3号常压蒸馏装置、石脑油加氢装置、UNIBON装置和1号汽提塔的酸性水。分离得到的气体直接焚烧（图6-32），酸性水跨过API油水分离器，送至污水处理厂。

图6-30　废碱液曝气池

图6-31　2号酸性水汽提塔

图6-32　2号汽提塔的焚烧装置

主要的环境因素是气体排放问题（H_2S）。汽提塔产生的废水中含有高浓度H_2S和NH_3，表明汽提效率很低，这一生产现象需要进一步研究。

H_2S是一种无色具有臭鸡蛋气味的恶臭气体，可在浓度为2×10^{-9}时被检测出。H_2S的商业用途极少。但它可用于生产硫黄，而硫黄是一种商业上最重要的元素之一。全球大约25%的硫黄是通过将天然气和原油中1/3的H_2S转化为SO_2而得到的，下面给出了H_2S与SO_2的化学反应方程式：

$$2H_2S(g) + 3O_2(g) \longrightarrow 2SO_2(g) + 2H_2O(g)$$

$$16H_2S(g) + 8SO_2(g) \longrightarrow 3S_8(g) + 16H_2O(g)$$

炼厂应考虑投资一套硫黄回收装置，这是一项高成本的P2投资，预计成本超过700万美元。还应委托开展另一项研究，以评估投资和成本回收期。约旦拥有强大的化肥生产行业市场，应采用市场价开展评估。

十二、四乙基铅车间（全部的健康和安全问题）

四乙基铅用作汽油添加剂以提高汽油的辛烷值。第一项环境因素是重大的工人安全风险。我们观察到工人在操作过程中没有戴呼吸器和安全帽，在巡查时还发现工人在控制室内吸烟、饮酒和饮食。工作服没有合理地清洗。炼厂应实施一项综合健康和安全计划，包含安全工作实践和化学品处置等内容。

第二项环境因素与四乙基铅的料桶有关，料桶被收集并随意地丢弃在车间周围。炼厂定期焚烧空料桶，加重了该车间本已十分严重的空气污染物排放。这些料桶应回收至制造商处（图6-33）。

第三项环境因素是用于储存废弃料桶的区域也被用作填埋场。观察到受到污染的化学防护服被部分掩埋（图6-34）。由于这些物品不能被降解净化，使得它们成为操作产生的危险废弃物流中的一部分，这些废弃防护服必须得到正确的处置。

空的四乙基铅料桶应回收至制造商处。现在炼厂定期将这些料桶焚烧

废弃防护服（四乙基铅车间使用）填埋场所。注：一定要焚烧

图6-33　废弃的四乙基铅料桶被允许储存在厂　　图6-34　污染的工作服被丢弃在厂区内的填埋场
　　　　区内，非常差的环境管理措施

下述零成本P2建议已被采纳❶：

（1）向工人提供本车间所需的安全设备，尤其是化学防护服和呼吸器。

（2）实施呼吸适应测试程序。

（3）建立废弃化学防护服和呼吸器的存放、去污和处置程序。

（4）传授并培训工人了解关于本岗位特点的健康和安全风险以及安全处置有毒有害化学品的相关知识。

（5）将空桶交由制造商处置，在专门设计用于有害废弃物处置的填埋场处理被污染的化学防护服。

整个炼厂缺少关于健康和安全的规定和方法。例如，在原油卸载操作时未使用安全设备；在运输车间，工人没有穿戴个人防护装备，如安全鞋、呼吸器、安全帽和化学防护服等。同样，在1号和2号油罐操作车间，工人也缺少安全意识和安全措施。另外，在很多操作过程都发

❶ 约旦石油炼油厂工人安全培训计划设计指导文件，CDM国际股份有限公司，2005年2月。

现了不合理的电气接地问题。

无论是从损失生产效率的角度，还是从对保险费用和费率的直接负面影响的角度，高级管理人员都需要认清涉及工人安全的环境因素是一项需要认真考虑的事情。安全管理部门和 EMS 团队将大大降低风险和经济损失。

十三、一般性零成本/低成本P2建议

良好的定置摆放管理可消除废弃物堆放造成的污染，减少工伤事故，最大限度降低现场污染，降低火灾风险，并改善整个炼厂的生产效率。高级管理人员认同上述观点，并采纳了下述建议。

1. 工业固体废弃物

大量无危害的固体废弃物集中存放在火炬旁的废料场内。进一步评估结果显示，有害废弃物和无害废弃物混杂在一起（图 6-35 和图 6-36）。

图6-35　不断增大的垃圾堆被人忽略，造成　　图6-36　更多被忽视的不断增大的垃圾堆
　　　　了土地污染和可能的暴雨冲刷污染

建议将这些固体废弃物按有害固体废弃物和无害固体废弃物分类存放。有害废弃物在有针对性的安全的填埋场进行处理，无害废弃物可交由市政填埋场处理。

2. 定置摆放

在工艺装置如沥青装置、蒸馏装置、FCC 装置和润滑油装置，废弃料桶和废料随意堆放。这造成了油品和石油产品的溢洒（图 6-37）。

图6-37　润滑油和化学试剂料桶储存状况，显　　图6-38　氢氧化钠溶液制备过程中的定置
　　　　示出很差的定置摆放问题　　　　　　　　　　　　摆放很差

在氢氧化钠溶液单元，氢氧化钠被放置在生锈和腐蚀的桶内，导致在整个单元区域都散布着氢氧化钠（图6-38和图6-39）。氢氧化钠增加了废水的盐含量和金属腐蚀性。使用过的 PVC 桶和铁桶也存在随意摆放的现象（图6-40和图6-41）。

油罐区缺少预防性维护措施。到处可见阀门、泵和蒸汽疏水阀等存在蒸汽、水、石油产品、化学品和消防水的泄漏（图6-42）。

图6-39　在氢氧化钠溶液配制过程中的
定置摆放很差和不安全操作现象

图6-40　罐区的消防水存在泄漏

图6-41　化学试剂料桶在罐区随意放置

图6-42　油罐区堆放着大量装满汽油的油桶

炼厂采纳了以下零成本／低成本 P2 建议：

（1）为炼厂的每个车间制订书面的定置摆放方案和规程。

（2）将干洗作为油品或化学品溢出处置的首选方法。为改善清洗效率、降低用水量并减少废水的掺水，用增压蒸汽清洗方法代替现有的使用水来清洗的方法❶。

（3）将润滑油桶存放在管理有序的库房，并设置清晰的标签和分级。

（4）将腐蚀性物质放入塑料包装内。建设一处专用于氢氧化钠的储存场所，防止物耗。

（5）将废弃 PVC 桶和铁桶转移至指定的存放区域处置。

（6）实施废弃物清单和跟踪系统，大量的废弃物不再随意堆放在厂区内。

3.工业水罐

工业水罐为混凝土储罐，坐落在厂区最高点（借助重力流动），将井水用泵抽出并向炼厂提供符合要求的工业用水。我们注意到该水罐存在破裂点，水从破裂点泄漏出来。由于水

---

❶ http：//rea-na.com/MI-brochure.htm.

位控制器未有效工作,炼厂应对水位控制器进行维修,并对工业水罐开展必要的修复工作以停止水的泄漏。

4.消防管网

我们还观察到消防管网的泄漏点遍布厂区。炼厂需要维修消防管网,同时考虑将其纳入常规预防性维护程序。

5.污油罐

该厂有两组污油罐。第一组用于回收 API 油水分离器分离得到的油,第二组位于罐区(图6-43)。从罐内的废水中分离油的过程依赖于物理作用。将罐内的物质加热至 66℃ 并维持 3 小时。当达到预期温度后,分离过程结束。下层液体主要为废水,通过罐底部的阀门排入下水道;上层液体主要为油,泵入最终的燃料油产品罐(第二组污油罐)。

在 IER 过程中,大部分靠近污油罐(第二组)的下水道存在部分堵塞现象(图6-44)。这种状况是由于糟糕的预防性维护程序造成的。用增压蒸汽清洗方法替代现有方法将改善物品定置摆放和节约用水 ❶。污水管道、废水池和集水井也需要定期清理。

图6-43　污油罐　　　　　　　　　图6-44　污油罐区域的油/水洼

其中,一项环境因素涉及排水操作。污油罐下层污水的排放操作由人工完成,经常出现溢出现象。大量的油直接洒到地面上并排入下水道。这种做法对 API 油水分离器造成冲击。P2 建议用高密度敏感阀门(指的是,该阀门具有监测水和油的密度或电导率差异的传感器,当检测到油时可自动关闭)❷ 代替排水阀。另外,这种阀门可用于下列目的:

(1)用于储油罐。当从罐底部排水时,可防止油品夹带并尽可能降低污染风险。

(2)安装在雨水管网,如果在水流中检测到油将自动关闭。

另一项环境因素是油品分析。在污油罐(第二组)中分离得到的油被送至燃料油产品罐前,应对其进行油品分析(水含量、固体不溶物分析)。不达标的油被排入下水道,会堵塞下水道并加重该区域的定置摆放问题。泵送成本(从第一组污油罐泵入第二组污油罐)和两组污油罐的分离成本是一种经济损失。

为改变这一问题,炼厂应调整油品分析程序,分析第一组污油罐分离得到的油(一旦分离操作结束)。这项 P2 建议将使炼厂节约资金和时间,并增加 API 油水分离器接收废水的稳定性。

---

❶ http://rea-na.com/MI-brochure.htm.

❷ http://www.cobhamfluidsystems.com/products_control_valves.htm#7.

第五节　最终结论

本案例研究定量了 P2 节省费用超过 140 万美元，在炼厂公用工程车间节水 $25 \times 10^4 m^3$。参照在罗马尼亚和美国开展的相似项目，保守估计此次全厂范围的 IER 识别出在物料、能源、生产效率、工作时间和保险金等方面的又一项潜在节省约为 100 万美元 ❶。上述 IER 识别出的所有节约均是在 EMS 项目早期实施阶段被发现的。

本案例研究很好地展示出了 EMS 如何改善一家公司的经济效益和环境效益。EMS 的应用传统上侧重于合规性，尤其是在美国，更主要的益处是可以增强企业的竞争力和可持续发展力。

然而在这个炼厂识别出的基础环境实践不会在当代美国炼厂出现，原因在于美国的《资源保护和回收法案》和其他主要环境立法的强制要求。在 EMS 应用实施早期阶段，本案例研究重点关注可能实现的重要环境改善和节约。一些质疑的读者可能认为，由于约旦缺少严格的环境要求，使得非常简单的定置摆放改善都可以带来显著的积极变化，因此，相对来说，在该厂识别并确定节约和经济获益比较简单。对于这些质疑，下文我做出解释。美国国内炼厂始终在小心提防由严格的环境法规和要求可能带来的潜在责任，而在许多国家如约旦，环境要求对企业的挑战很小，甚至缺少相关立法，商业领袖甚至更加质疑环境管理体系能否带来好处。在这些国家商业领袖的心中，污染管理是开展商业的一部分成本，因此对环境管理给予的优先权很低。但是，当经济获益与良好的环境效益结合在一起时，EMS 的价值突然就赢得了他们的关注和支持。

---

❶ 这来自我先后在埃克森阿鲁巴炼油厂，埃克森百威新泽西炼油厂和罗马尼亚 Rompetrol 炼油厂等公司开展资源削减和 P2 审计方面工作的经验。

第七章　清洁生产案例分析

第一节　简　介

　　本章主要探讨清洁生产和污染防治在炼厂生产中的应用效果。在有环境管理体系的环境下，清洁生产和污染防治项目效果最好。实际上，ISO 14001 已经强调污染防治是环境管理体系的核心。

　　本章中介绍的案例是公司的随机案例，大部分来自于开发的文献，其他的案例是从我与公司代表交流或者自己曾经参与到项目工作中获取的。列举的案例有全球市场的大公司，也包含小公司。对于这些公司而言，主要的特性是它们都是国际公司，都面对最基本的话题：可持续性和竞争性。

　　前面章节的讨论中已经表明，清洁生产和污染防治没有明显的区别。污染防治工作的重心是减少被监管的所有形式的废弃物的污染。更通俗地说，低效率也被认为是污染的一种形式。在一个完美的世界内，原材料、能源和生产过程中的生产力 100% 会转化成有用的产品，满足社会需求。但是，工艺和生产往往产生损失，例如，废弃的能源、有害的副产品以及对环境造成污染和泄漏造成公众危害的污染物排放。公司往往不去理会环境危害和人类的健康威胁，商业公司追求利益。其中，大部分公司希望继续满足下一代的需求。因此，不管是从保护环境和公众健康的角度，还是健全的商业原则角度出发，有责任感的公司的核心价值是使其高效化。本章展现了为什么清洁生产和污染防治是炼厂，甚至任何商业的基石。

第二节　约旦扎尔卡石油炼厂清洁生产/污染防治案例分析

　　通过采用第三章描述的 21 步法开展清洁生产和污染防治审计，炼厂的污染防治小组对炼厂各装置进行审计。第六章已经对约旦扎尔卡石油炼厂的相关背景信息进行了介绍。本章中针对各种手段/机会报道的财务节约数额均以美元表示，本章中所采用的美元对约旦币的汇率为：1 美元 = 0.71 约旦币。

一、工业锅炉和蒸汽回收的CP/P2机遇

　　该炼厂拥有 6 个水管式锅炉，总的蒸汽生产能力为 130t/h，锅炉组可以生产高、中、低三种不同压力蒸汽，同时产生两种污水。通过采用材料和能源平衡，CP/P2 小组发现重大的

损失来自于锅炉排污和过多的冷凝。

当水在锅炉汽包中蒸发时，给水中的固体和水垢保留下来。排污的主要目的是降低锅炉锅水的杂质浓度，因为锅水中的杂质可以形成水垢和腐蚀管壁，降低热量交换效率和损坏锅炉。表7-1列出了锅炉水和给水的最大限定值，适当的排污是很关键的。太多的排污量会导致能量损失和产生额外化学处理试剂的费用；然而，太少的排污量会造成杂质浓度的累积，从而对设备造成破坏。

表7-1　给水和锅炉水中杂质限定值

项目	给水	锅炉水
pH（25℃）	7.5～9.0	10.0～11.0
CaCO₃当量总硬度	1	—
铁（μg/g）	0.05	—
溶解氧（μg/g）	0.05	—
铜（μg/g）	0.05	—
总溶解固体（μg/g）	12.5	500
电导率（μS/cm）	30	1200
硅（μg/g）	0.5	20
磷酸盐（μg/g）	—	15～25
硫酸盐（μg/g）	—	10
含油量	0	—
CaCO₃酚酞碱度	—	80～300
氯化物（μg/g）	—	35[①]

① 数据由4区助理操作工程师提供。

水管式锅炉和汽包式锅炉有连续性排污和定期排污两套排污系统：连续性排污是从汽包进行排污，降低锅水中杂质的浓度；定期排污是从锅炉底部将悬浮在锅炉内的固体排除。

通过评估，锅炉总的排污速率为6m³/h，所有的排污被输送到炼厂的污水处理装置。减少锅炉排污量可以降低材料和能量损失。因为排污水的温度和锅炉产生的蒸汽温度一致，所以在排污方面的任何节约都可以降低补给水和化学处理添加剂的用量。表7-2和表7-3给出了锅炉排污过程中锅水的分析数据。显而易见的是,排污控制系统是不稳定的。通过表7-1也可以看出，这种排污控制是低效率的。低效率的控制势必会导致过多的排污。图7-1至图7-4对数据进行了归纳和总结。

表7-2　锅炉7001排污分析

采样时间	pH值	电导率（μS/cm）	碳酸钙当量氯化物（μg/g）	磷酸含量（μg/g）	联胺（μg/g）
2005-01-03	11.3	253	56	2	0.05
2005-01-10	10.6	192	56	2	0.05
2005-01-17	10.4	529	36	0	0.2

续表

采样时间	pH值	电导率 （μS/cm）	碳酸钙当量 氯化物（μg/g）	磷酸含量 （μg/g）	联胺 （μg/g）
2005-01-24	11.7	316	39.2	2	0.2
2005-01-31	11.5	496	28	0	0.05
2005-02-07	12.0	922	22	4	0
2005-02-14	11.6	525	42	0	0
2005-02-21	10.8	540	17	3	0.4
2005-02-28	10.8	412	17	1	1
2005-03-07	10.5	430	31	2	0
2005-03-14	10.2	210	17	1	0.1

表7-3　锅炉7004排污分析

采样时间	pH值	电导率 （μS/cm）	碳酸钙当量 氯化物（μg/g）	磷酸含量 （μg/g）	联胺 （μg/g）
2005-01-03	11.8	78	16.8	0	0.3
2005-01-10	10.6	190	16.8	1	0.05
2005-01-17	10.5	147	11.2	0	0.1
2005-01-24	11.2	112	5.6	1	0.1
2005-01-31	11.8	81	14	0	0.05
2005-02-07	11.5	111	11.2	2	0.2
2005-02-14	11.8	508	28	0	0
2005-02-21	11.2	894	28	3	0.4
2005-02-28	11.1	902	28	1	0.2
2005-03-07	10.3	370	28	2	0

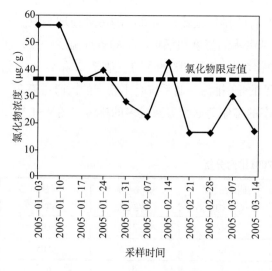

图7-1　7001锅炉氯化物控制

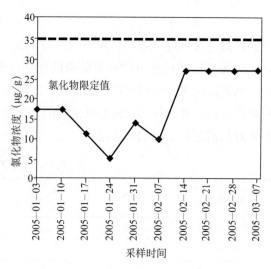

图7-2　7004锅炉氯化物控制

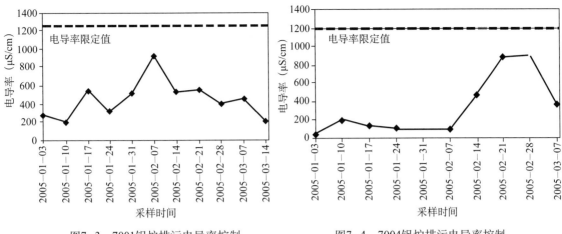

图7-3 7001锅炉排污电导率控制　　　图7-4 7004锅炉排污电导率控制

二氧化硅浓度对于水管式锅炉是一个关键的控制限定值，因此硅浓度被用来计算锅炉的浓度比，其中二氧化硅来自于几种很难除去的沉积（如无定型硅[1]）。

理论浓度比（CR）通过下式计算：

$$CR = C_B/C_F = 20/0.5 = 40$$

$$理论排污量 = F/CR = \frac{130m^3/h}{40} = 3.25m^3/h$$

$$实际浓度比 = F/B = \frac{130m^3/h}{6m^3/h} = 21.7$$

额外的排污量 = 实际排污量 − 理论排污量 = 6m³/h−3.25m³/h=2.75m³/h

式中　CR——浓度比；

　　　C_B——锅炉排污水中的固体浓度，mg/L；

　　　C_F——锅炉给水中的固体浓度，mg/L；

　　　B——锅炉排污量；

　　　F——锅炉进水量。

注：排污费用受高压蒸汽的价格影响（约 10 美元 /m³）[2]

额外的排污费用 = 2.75m³/h × 10 美元 /m³ × 24h/d × 365d/a = 240900 美元 /a

如果采用较好的锅炉排污控制和改进的操作管理，炼厂每年可以节约 240900 美元。

为了实现节约成本，炼厂必须改变现有的排污方式和优化锅炉的操作窗口，而不是采取随机排污。相对应的专业术语称为自动化。

实现从手动系统到自动化系统的改变，炼厂应该安装图 7-5 所描述的系统。该系统可以排除操作误差和提供系统稳定性。自动化排污操作系统，可以根据水中溶解的固体颗粒浓度、电导率、二氧化硅和氯化物浓度调变排水量，进一步优化表层排污[3]。探针通过排污调节阀向控制器 / 驱动装置（Controller/Driving）反馈信号，自动化系统的可选配置是比例控制，实现排污速率按照补给水流速进行比例调控。

[1] F. N. Kemmer, ed., *NALCO Water Handbook*, 2nd ed. (New York: McGraw-Hill,1988).

[2] 数据由炼厂小组提供。

[3] 数据来自于 http://www.spiraxsarco.com/assets/uploads/PDFs/sb/P403_03.PDF.

图 7-6 从概念上描述了用于排污控制的手动和自动控制体系的控制程度。自动系统的投资费用约为 23239 美元，6 个锅炉的自动控制系统费用约为 140884 美元，因此最长 7 个月可以实现投资回报。

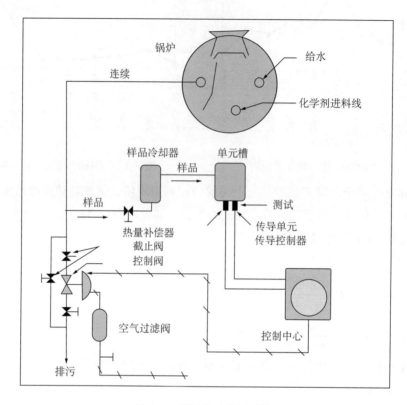

图7-5　锅炉自动排污系统

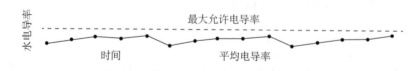

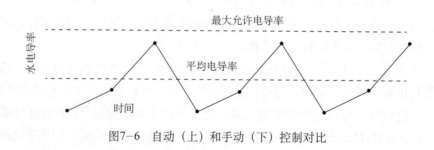

图7-6　自动（上）和手动（下）控制对比

二、冷凝回收系统的CP/P2机遇

当冷凝水离开疏水器时，冷凝水大概含有 20% 的蒸汽原有热量。回收冷凝水重新利用不但可以降低能量消耗，排除水化学处理试剂的过量使用，而且会产生高质量的水用作进水补给重复利用。

在污染防治审计过程中，审计小组发现大量的蒸汽和冷凝水损失。这些损失主要来自于疏水器的非正常工作以及蒸汽被误用于洗涤和清洗等操作。蒸汽和冷凝水的损失很难估计，但是他们代表相当大的损失，预计损失约数千美元。图7-7至图7-9提供了蒸汽损失和误用的实例。

图7-7　没有回收的蒸汽

图7-8　冷凝水直接进入污水管

图7-9　蒸汽被用于清洗

建议实施以下CP/P2措施：

（1）禁止或者限制低效率的蒸汽清洗和洗涤操作。

（2）提高操作员的凝结水管理和损失的意识。

（3）修理疏水器，提高凝结水回收性能和总体的蒸汽系统性能。

三、低压冷凝罐的CP/P2机遇

由于低压冷凝罐（图7-10）的液位控制器不正常工作，低压冷凝水回收无法控制，这样会导致频繁的冷凝水溢流。为了降低蒸汽排放，溢流出来的冷凝水经过工业水（7号井）冷却后进入污水管（图7-11）。这就意味大量的水损失。

图7-10 冷凝水回收罐　　　　　　图7-11 冷凝水溢流直接排进下水道

将冷凝水排放至下水道不仅是对有价值的水的滥用，而且还增加了能量亏损。

审计小组无法测量冷凝水溢流的量，但是用于冷却溢流的冷凝水的工业用水的最小使用量预计是每小时 $1m^3$，这就等同于每天节约 $24m^3$ 或每年 $8760m^3$，相应的年费用是 3085 美元。

为了减少冷凝水和蒸汽的损失，建议采取以下 CP/P2 措施：

（1）建立预防性维修大纲，修复所有的疏水器。这样会降低冷凝水回流和凝结水溢流。

（2）修复低压冷凝罐的液位控制器。

（3）在工业水管线安装控制阀，同时串联安装高液位指示器。这样可以降低工业水损失。

四、中压冷凝水收集罐的CP/P2机遇

图7-12 中压凝结水罐

在 P2 审计过程中，审计小组发现大量的闪蒸蒸汽从中压凝结水收集罐泄漏（图 7-12）。这主要是因为收集罐没有盖住，易发生连续自然挥发。这种现象与疏水器在操作环节中失败的原因比较类似，因此，异常的、大量的蒸汽被回收的冷凝水携带。

为了降低排放到大气中的蒸汽量和回流冷凝水携带的蒸汽量，建议采取以下CP/P2 措施：

（1）盖上冷凝罐，同时为正常的蒸汽回流提供出口。

（2）执行预防性维修大纲，与之前疏水器的措施一致。这样会降低冷凝水携带的蒸汽量。

五、蒸汽损失的CP/P2机遇

有缺陷的疏水器和较差的维护策略往往导致蒸汽损失，图 7-13 至图 7-17 给出了一些蒸汽损失的实例。降低蒸汽损失会降低井水使用率和燃料使用率，降低反渗透和离子交换单元生成的废水，同时间接性地降低反渗透、离子交换器和锅炉单元的化学试剂用量。

图7-13　锅炉部分的蒸汽泄漏　　　　　　　图7-14　真空装置2的蒸汽泄漏

图7-15　公用工程的蒸汽泄漏例子　　　　　　图7-16　减压装置额外的蒸汽损失

图7-17　Top 3的蒸汽泄漏

因为没有蒸汽流量计，审计小组无法计算损失的具体蒸汽量。但是审计小组基于以下估计给出合理的评估。

第一个估算：蒸汽泄漏速率为 15m³/h[1]。

第二个估算：根据炼厂水分布示意图计算的蒸汽泄漏速率为 17m³/h。

第三个估算：基于 Stone&Webster 未发表的报道，蒸汽损失约为 12m³/h。

炼厂主要的蒸汽损失来自于中压和低压蒸汽。

采用较低的估算蒸汽损失作为基准（12m³/h），炼厂的蒸汽损失具体量如下：

总蒸汽泄漏量 = 12m³/h × 24h/d × 365d/a = 105120m³/a

蒸汽泄漏总费用 = 105120m³/a × 6.00 = 631608m³/a

这种蒸汽损失值得控制和捕集。

很明显，需要预防性维修方案。由于大量的蒸汽释放点源，实施预防性维修方案最好的方式是投资一套电脑化的疏水器管理系统[2]。图 7-18 展示了一套商业化管理系统，可以提高整体的维修方案。这个系统包含测量和分析系统，主要用于诊断疏水器操作和定量蒸汽泄漏量。PC 端软件有利于实施综合性的疏水器管理系统。除此之外，该系统还为每个疏水器提供数据库。

整套系统费用大约是 19718 美元，通过投资节约的费用每年约 631608 美元，因此投资回报时间为半个月到 1 个月。

六、反渗透装置的CP/P2机遇

反渗透装置以工业水为进水（图 7-19），生成电导率介于 200 ~ 300μS/cm 的处理水和电导率介于 9000 ~ 10000μS/cm 的浓水。由反渗透装置生成的水用于锅炉水补给。

图7-18　计算机化的疏水器管理系统　　　　　图7-19　反渗透装置

一个新建的大容量的反渗透装置正在替换现有的反渗透装置，通过这次更换将改变公用工程部分的水消费数据和材料平衡。审计小组虽然无法预估可能的变化，但是冷却塔以反渗透水为补给，将会降低排污量，同时增加操作的浓度比。

由表 7-4 可见，新反渗透装置生成水的二氧化硅含量、氯化物含量和电导率都较低，这样会降低离子交换装置再生的频率，降低废水的排放量、水消耗和处理化学试剂使用量。

除此之外，采用反渗透装置的生成水作为锅炉的补给水会降低锅炉的排污量和操作的浓度比，进一步节省更多的水和化学试剂。

---

[1] 数据通过与 4 区助理操作管理人员交流获得。

[2] 数据来自 http://www.tlv.com/en/product/internat/fb5/fb5pdf/e-tm000-hp.pdf.

表7-4　新旧反渗透装置对比

参数	旧反渗透装置	新反渗透装置
最大的渗透流速（m³/h）	100	180
回收率（%）	75~80	80
电导率（μS/cm）	329	35
氯含量（μg/g）	20	6.8
SiO_2含量（μg/g）	0.618	0.14

1.反渗透膜的冲洗和砂滤的反冲洗

首先我们关注反渗透膜冲洗，目前的反渗透装置每天冲洗1h。在审计过程中，审计小组对冲洗过程中的浓水进行简单的分析（表7-5）。审计小组发现：开始的5~10min，浓水中含有最高的盐浓度（TDS），在接下来冲洗的45min内，浓水的浓度约为3500mg/L。后面冲洗过程中得到的水的质量接近于炼厂的井水（7号井TDS浓度：2629mg/L）。因此审计小组建议，冲洗过程中排放前10min的浓水，然后收集剩下的水。这种水一天能收集41.5m³，可用于清洗或者消防。

表7-5　冲洗过程中反渗透浓水分析

编号	TDS（mg/L）	1h流速（m³/d）	50min流速（m³/d）
A	3160	15.6	13
B	4112	9.6	8
C	3450	13.2	11
D	3450	11.4	9.5
平均	3543	总量	41.5

污染防治的第二个重点是砂滤的反冲洗。这个炼厂有三个砂滤装置用于反渗透装置的预处理（图7-20），可以降低反渗透膜的原水中悬浮的固体。日常反冲洗大约10min，消耗水量约为20m³。因此总的反冲洗水每天约为60m³。这类水的TDS浓度为1500mg/L（表7-6），低于井水的TDS浓度（2629mg/L），虽然可以用于清洗或消防，但是这类水直接进入了下水道。

图7-20　砂滤装置

表7-6　砂滤反冲洗分析（取样时间：2005年4月4日）

样品号	时间（min）	实验室测试		
		pH值	TDS（mg/L）	TSS（mg/L）
1	0.5	7.6	1520	102
2	5	7.7	1480	100
3	9	7.6	1500	97

图7-21　砂滤单元

2.重新利用反渗透膜冲洗水和砂滤反冲洗水的节约

砂滤单元如图 7-21 所示，重新利用的水由冲洗反渗透膜的部分水和砂滤反冲洗的水组成，1 年约为 37047m³，重新利用每年可以节省 13044 美元。

为了收集这类水，需要一个大约 120m³ 的储罐，这大约花费 21127 美元。投资回报时间低于 2 年。

七、冷却塔的CP/P2的机会

这个炼厂有三个冷却塔（图 7-22），每小时消耗来自井水（电导率约为 4369μS/cm）的补给水约为 120m³。45% ~ 50% 的冷却水通过蒸发流失，剩下的以排污水的形式排放（电导率为 5000 ~ 6100μS/cm）。

冷却塔的水平衡关系如图 7-23 所示，补给水中的高 TDS 含量降低了浓度比（约 1.7），增加了水和化学试剂的用量，进而增加了排污频率。

目前炼厂正在安装新的反渗透装置，将为锅炉和冷却塔提供高质量的水。因此，冷却塔的整体性能将会提高。水和化学处理试剂的用量也会下降。由于浓度比增加，排污水总量会相应下降（图 7-24）。

图7-22　TSEP　冷却塔

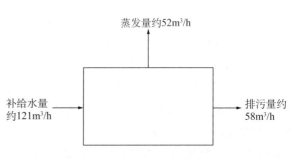

蒸发量约52m³/h

补给水量约121m³/h

排污量约58m³/h

图7-23　冷却塔的水平衡

八、离子交换装置的CP/P2机遇

这个炼厂有两个离子交换装置，主要用于去除水中的矿物离子为锅炉提供用水。两套离子交换装置的循环时间为 4 ~ 5 天，通过 NaOH 和 HCl 再生。在再生过程中产生的废水通过中和池收集，收集的废水 pH 值为 2 ~ 3，通过旁路 API 分离器，可用于中和废水处理单元的废水。

因为通过再生产生的水总容积大于中和池的体积（图 7-25），反冲洗和部分冲洗水通过管路流入冷却塔附近的池子(图7-26)。这个池子用于收集砂滤反冲洗水、部分的再生排放水，有时也收集部分的冷却塔排污水。池子中的水被转移到污水处理装置的 API 分离器，这样可以增加污水处理装置的污泥量。

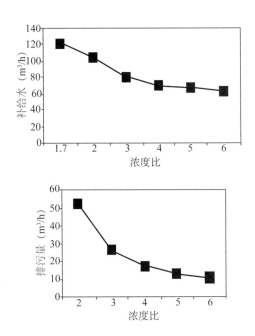

图7-24　补给水和排污水与浓度比的关系

图7-25　中和池

图7-26　排放过滤反冲洗水和再
生排放水进入中央池

离子交换装置再生阶段的部分排放水质量高，可以重新利用。通过反冲洗和冲洗产生的水电导率低。因此除了反渗透水外，反冲洗和淋洗产生的水可用作冷却塔的补给水。但是淋洗阶段前 10min 产生的水具有较高的电导率，因此应该和剩下的再生水（再生、注入和置换阶段）一起收集到中和池内。

再生过程排放的水低浓度的部分（10min 后的反冲洗和冲洗水）应该收集到南池。由于南池的容积较小（110m³），因此，建议在再生阶段，冷却塔应该以部分再生阶段的水为水源

（再生过程大约 6h）。图 7-27 显示了离子交换器再生阶段排放水的重新利用和处理。

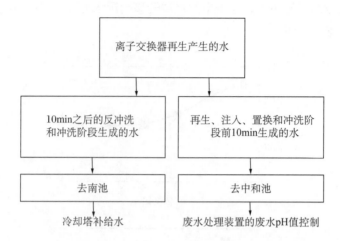

图7-27　离子交换器再生排放水的再利用和处理

　　表 7-7 提供了中和池和南池的体积以及再生过程中相关的量。其中，砂滤的反冲洗水可以通过同一个反渗透装置的浓水管排出。

　　由表 7-8 和表 7-9 可以看出，1 号单元单次循环再生排放量为 301.9m³。炼厂可以重新利用 157.7m³。2 号装置的单次再生排放量为 369m³。炼厂可以重新利用 216m³。

表7-7　与1号和2号离子交换器有关的体积

项目	体积（m³）
中和池	100
南池	110
1号再生水	302
2号再生水	369
1号反冲洗和冲洗水总量（不包含前10min）	157.7
2号反冲洗和冲洗水总量（不包含前10min）	216

表7-8　1号再生水的简要分析

项目	样品	实验室监测（取样时间：2005年5月3日）				总量（m³）	反冲洗/淋洗水（m³）	处理水（m³）
		pH值	电导率（μS/cm）	TSS（mg/L）	二氧化硅（mg/L）			
阳离子	反冲洗	6.5	426	5	—	39	39	—
	HCl溶液	2.5	8550	1	—	12	—	12
	置换	1	92177	0	—	21	—	21
	淋洗（前10min）	0	4790	8	—	13	—	13
	淋洗	2	1108	5	—	26	26	—
阴离子	反冲洗	3	771	1	—	8	8	—
	NaOH溶液	6	25270	2	—	17	—	17

| 项目 | 样品 | 实验室监测（取样时间：2005年5月3日） | | | | 总量（m³） | 反冲洗/淋洗水（m³） | 处理水（m³） |
		pH值	电导率（μS/cm）	TSS（mg/L）	二氧化硅（mg/L）			
阴离子	置换	12	166367	3	—	26	—	26
	淋洗（前10min）	13	9610	6	—	11.2	—	11.2
	淋洗	11	146	0	—	44.7	44.7	—
精处理	反冲洗	6	238	3.5	—	7	7	—
	NaOH溶液	12	109882	0	—	20	—	20
	置换	13	102600	2	—	13	—	13
	淋洗1（前10min）	12	1135	3	—	11	—	11
	淋洗	11	167	5.5	—	33	33	—
总和						301.9	157.7	144.2
平均电导率（μS/cm）							476	

注：再生阶段使用过的反渗透装置透过水的电导率为504μS/cm。

表7-9 2号再生水的简要分析

| 项目 | 样品 | 实验室监测（取样时间：2005年5月22日） | | | | 总量（m³） | 冷却塔所用再生水量（m³） | 处理水（m³） |
		pH值	电导率（μS/cm）	TSS（mg/L）	二氧化硅（mg/L）			
阳离子	反冲洗	6	252	2	—	51	51	—
	HCl溶液	7	5494	0	—	13	—	13
	置换（1号和2号）	1	826000	1	—	28	—	28
	淋洗（前10min）	2	5200	0	—	13	—	13
	淋洗	3	861	0	—	33	33	—
阴离子	反冲洗	3	529	1	—	10	10	—
	NaOH溶液	2	3903	4	—	7	—	7
	置换	10	82553	0	—	30	—	30
	淋洗（前10min）	12	1291	0	—	11	—	11
	淋洗	11	85	1	—	34	34	—
精处理	反冲洗	3	323	2	—	10	10	—
	NaOH溶液	12	72233	2	—	15	—	15
	置换	12	99200	0	—	15	—	15
	淋洗1（前10min）	12	1771	0	—	13	—	13
	淋洗	11	165	2	—	78	78	—
总和						361	216	145
平均电导率（μS/cm）					—		369	

注：再生阶段反渗透装置允许的电导率值为504μS/cm。

1.淋洗阶段的前10min

与再生剂注入和置换阶段相比，电导率并不高。由于淋洗阶段的水含有部分 NaOH 和 HCl，因此这类水可以取代脱气水用作再生剂注入阶段的用水。这样会节省一些再生剂。但是没有足够大的空间，储罐和配件的成本都很高，因此这项建议不能被实施。

2.新的反渗透装置和其对离子交换器的影响

因为新的反渗透装置生成水的电导率要低于旧装置生成水的电导率，这样会增加离子交换器再生的时间，并且降低离子交换器再生过程产生的水量。这样可以节约水和化学试剂的成本投入。超过 2 年，新的反渗透装置的效率会降低。这样会增加反渗透装置生成水的电导率。因此炼厂应该采纳此建议，以便长期保证水的质量。

3.再生废水重新利用的节约

由表 7-10 可见，2004 年两套离子交换装置的循环次数为 135 次，再生过程所使用的水为 44125.2m³。这里认为用于此目的的年消耗水量为 44125.2m³。也就是说，炼厂可以重新利用的水量约为 24612m³。

由于这类水盐浓度比较低，我们假设这类水的成本和反渗透装置透过水一致，反渗透装置透过水成本约为 1.13 美元 /m³，因此每年大约节约 27732 美元。但是炼厂需要安装一个水泵用于重新利用南池的水作为冷却塔的补给水，同时需要安装其他配套装置用于共同输送反渗透浓水和砂滤反冲洗水，这样会花费 704 美元。因此，投资回报时间约为半个月。

表7-10　2004年再生和假定的节省成本

项目	1号装置	2号装置	总	水节约量（m³）	经济节约（约旦币）
再生次数	78	57	135	—	—
再生用水总量（m³）	23548.2	20577	44125.2	—	—
可重复利用水（低TDS）（m³）	12300.6	12312	24612.6	24612.6	19690.08
处理水量（m³）	11247.6	8265	19512.6	—	—
总节约				24612	19690

图7-28　二氧化硅流量计

4.离子交换器维修方案

二氧化硅的流量计已经无法使用（图 7-28），这也表明离子交换器没有二氧化硅泄漏的检测设施。二氧化硅泄漏会导致锅炉的排污速率增加，相应的化学试剂使用量和能源损失。因此，二氧化硅量应该被检测。炼厂应该建立一个预防性维修方案，确保仪器仍正常工作和可靠。

九、居民区域用水的CP/P2机遇

在炼厂附近有为员工和家人提供的居民生活区域。总的居民人数约为 479 人，这个区域的水源来自于井水。根据精细计算的材料平衡，除了向这个区域通过反渗透装置提供饮用水外，用于个人用途的水每小时约为 12.7m³。这里没有单独的流量计。

按照此种方式推算，这个区域平均每人每天的水消费量约为 636L。在约旦境内，每人每天的平均水消费量不超过 120L，这表明，至少每人每天 500L 水属于低效率使用。

因此审计小组建议为当地居住区域提供流量计，并且改变目前的供水模式，为每户无偿提供 30m³ 水。超过 30m³ 后的水量收取费用，这样可以鼓励当地居民节约和合理使用水。

每天被节约下来的水约为 204m³，也就是 1 年可节约 74460m³ 水。这样每年就可以节约 26218 美元（0.35 美元 /m³）。

第三节　美国雪佛龙公司Richmond炼厂的 CP/P2案例研究[1]

雪佛龙公司 Richmond 炼厂的主要污染源包括：

（1）API 分离器在固体和液体分离过程中产生的污泥。罐水中的固体、铁锈、水垢和其他过程的设备污染物、雨水中携带的泥土构成了这类污染物。

（2）来自各种各样的过程设备（罐、处理单元）中的固体进入废水处理系统，生成初沉和二沉污泥。这类泥浆在进入 API 分离器之前被移除。絮凝剂加入油 / 水乳液体系中，经过处理实现油、水、固体的分离，这一过程产生二沉污泥。

（3）在金属浸渍的催化剂参与的烃类裂化或重整的工艺过程中产生的废精制催化剂。催化剂的金属组分能够实现必要的反应，但是废催化剂是有毒害的。

（4）在脱盐单元的下游，处理脱盐单元流出污水的过程中，被回收的废旧活性炭。在脱盐单元，原油通过水洗涤脱除盐和泥沙，然后与污水进行分离。流出的污水进一步处理，主要移除溶解的烃类物质（苯类化合物）。Richmond 炼厂采用活性炭颗粒移除污水中的苯。吸附的苯和其他烃类化合物使废旧活性炭具有一定毒害。

为了降低有毒害的废物源，雪佛龙公司实施了下面介绍的 P2 项目。

一、API分离器污泥和初沉/二沉污泥的CP/P2措施

Richmond 炼厂实施两种降低措施：一是将含油泥沙输送给雪佛龙公司在 EI Segundo 的姐妹炼厂，作为焦化装置的原料；二是分离含钙和含磷的废水，防止在污水处理系统的排放出口磷酸钙固体形成和沉积。

2000 年以前，Richmond 炼厂通过从油砂中过滤出固体回收原油。炼厂将过滤的固体运到其他地方进行焚烧。雪佛龙公司目前将含油泥砂转移到 EI Segundo 炼厂用作焦化原料。通过回收利用含油泥砂，含油泥砂将不再是有害废弃物源。雪佛龙公司估计焦化装置加工泥砂可以降低含油泥砂约 80%。

公司采用的第二个措施是分离含钙废水和含磷废水，防止处理系统出口磷酸钙的形成和

[1] 加利福尼亚炼油厂 1998 年减少有毒废物评估报告（萨克拉门托：加利福尼亚环保局，2004 年 1 月）。

沉积。这种措施可以降低污泥年排放量的 20%。

二、废精制催化剂的CP/P2措施

公司报道两种方式：一是再生和重复利用废旧的加氢处理催化剂；二是消除自热催化剂的黏结处理过程。

废旧的柴油加氢处理催化剂、废旧的石脑油加氢处理催化剂、废旧的航空煤油加氢处理催化剂可以输送到其他地方再生。催化剂可以在现场或者其他装置使用。当产生相同数量的催化剂时，可以被输送到其他地方再生，而不是被处理掉。炼厂估计约有 8% 的废催化剂可以再生和重复利用。这种措施采用场外循环利用，可以降低废弃物处理量。

一些催化剂具有自热特性。雪佛龙公司之前通过黏合方式处理催化剂，降低在累积和运输过程中产生的自热风险，这样会产生高的处理费用。Richmond 炼厂采用干冰将自热催化剂封存在运输容器内，这样可以提供 CO_2 的环境和缺氧气氛。这种措施可以降低处理和运输自热催化剂的风险，而且不用添加黏结剂。这样降低了场外处理的数量。因此炼厂只需要监督初始运输，不用黏结处理去评估自热和安全问题。雪佛龙公司认为使用 CO_2 和运输容器改进的封存方式可以有效地降低自热带来的安全忧虑。这种措施可以降低自热催化剂年产量的30%。

第四节　中国北京燕山石化公司CP/P2案例研究

北京燕山石化公司 1969 年成立，拥有员工 5800 人。该企业的主要部分是炼厂，拥有 16 个加工单元，其中原油蒸馏和催化裂化，年加工能力约为 $660 \times 10^4 t$。炼厂的产品包括汽油、柴油、航空煤油、润滑油和石蜡。燕山石化炼厂参与了在中国的中国—挪威清洁生产项目❶。以下总结了炼厂的 CP/P2 机遇。

2 号催化裂化装置（FCCU2）于 1983 年开始投产使用。1985 年，此装置升级，可以加工减压渣油，年加工能力约为 $80 \times 10^4 t$。FCCU2 装置的主要原料是重蜡油和减压蜡油。原料经过裂化，产品中的轻质油组分经过分馏塔和稳定塔，生成催化汽油和柴油。废催化剂生焦后进行再生和重复利用。对于催化裂化装置而言，主要的排放来自于再生器和加热炉的烟气、汽油和液化石油气清洗单元的废碱，以及含有油和硫的废水。

经过筛选审计小组提供的 CP/P2 机遇，最终确认和评估了 27 条建议性措施。其中，10 条措施属于零成本 / 低成本投资范畴，并且已经立即实施；13 条措施属于中等成本投资范畴，通过成本效益分析都属于合理的投资回报。在中等费用的投资措施中，3 条措施已经立即采纳实施。另外 11 条属于高成本投资范畴，需要进一步评估。

不需要投资或者少投资的措施主要发现于较差的管理，建议采取以下措施进行改进：

（1）监控水的使用情况。

---

❶ 中国和挪威清洁生产项目中的联合国环境规划署工业与环境案例研究，中国诺亚清洁生产项目办公室—中国可持续发展国际培训中心，中国北京市海淀区万泉河路 109 号，邮编 10080。

（2）与环境监控部门保持密切联系，控制水的排放。

（3）保持操作检查，防止泄漏。

（4）激励员工参加 CP/P2 项目。

（5）延长工艺开工时间，缩短停工时间。

（6）优化操作，降低锅炉烟气中污染物的浓度。

（7）强化设备维护，防止泄漏发生导致装置受损。

（8）在对设备进行修理前回收余料。

（9）停工期间回收设备和管路的余料。

（10）回收使用过的泵类润滑油。

对于中等成本投资的项目，建议采取以下措施。

（1）完善用于催化剂回收的三级旋风分离器系统。

（2）在烟气再生管道上安装烟气除尘装置。

（3）注氨系统修改氨气循环管线。

（4）注氨分配器上安装单向阀。

（5）鼓风机采用机械封替代油封，排除润滑油污染。

（6）在注氨计量表上安装旁路管线。

（7）输送脱硫醇尾气至火炬系统。

（8）利用在线仪器分析产品质量，并且与计算机系统连接。

（9）安装碱性排水管线，分离碱性排水和含油水。

（10）移除 LPG 洗涤工艺，消除 LPG 废碱。

（11）利用锅炉回收烟气再生器的热量。

（12）改进空气冷凝系统回收软水。

（13）再生器烟气中和废碱。

对于高成本投资的改进，建议采取以下措施：

（1）开发高效增碳剂，降低烟气再生器中 CO 浓度。

（2）开发新的催化剂，降低催化剂用量。

（3）开发新的催化剂再生技术。

（4）开发新的蒸汽雾化技术，降低含硫废水。

燕山石化通过投资的 CP/P2 机遇改善环境和财务业绩。这里报道了部分节约财政开支（美元）。其中，人民币对美元的汇率为 0.12。

通过 CP/P2 措施，改进方面主要集中体现在以下方面。

（1）能源：零成本/低成本的改进措施在能源方面没有效益，但是中等成本投资使蒸汽需求从 22t/h 降低到 11t/h，降低约 50%。

（2）供水需求：零成本/低成本措施的实施有稍微地节省，水的使用量从 17.0t/h 降低至 16.2t/h，降低幅度为 4.7%。通过实施中等成本投资措施，水的需求量降低至 11.0t/h，节约近 35.3%。

（3）废水和固体废弃物：零成本和低成本措施的实施使废水生成量降低 13200t/a，降低幅度为9%。随着废水量的降低，化学耗氧量降低3.1t/a，降低幅度为32%。固体废弃物降低50t/a，降低幅度约10%。据报道，污染费用降低94800美元。这就代表逐年的节约可以释放资金用于其他改进和投资，使企业更具有竞争力。

（4）在过去几年内，燕山石化投资122万美元用于审计小组建议的CP/P2项目，实现年净节约825600美元。年蒸汽需求量降低77000t/a，目前很多独立的实施项目在两年的回报周期内的内部收益率介于50%～80%。

第五节　印度石油公司Gujarat炼厂的CP/P2案例研究[❶]

Gujarat炼厂成立于1963年，目前的加工能力为1370×10^4t/a。该炼厂的装置布局如图7-29所示。为了便于环境管理，该工厂已经过ISO 14001认证。

Gujarat炼厂一直关注能源节约方面的机遇。该炼厂每天进行能源消耗监测，同时对正在进行的活动/项目实施能源需求优化。通过专业团队的努力，Gujarat炼厂压减能源消耗从2000年的110.4×10^6Btu/（bbl·NGRF）NGRF的含义为因数，降低至2004年的101.4×10^6Btu/（bbl·NGRF）。接下来，本节对Gujarat炼厂采取的创新措施和重大业绩进行了归纳和总结。

下面列举的是一小部分正在实施或者完成实施的项目，这些措施主要针对污染防治和资源节约两方面：

（1）炼厂目前是零排放炼厂，所有的处理排放水都被循环用于消防和冷却水补给。

（2）所有的SO_2排放均控制在规定值范围内，在法律允许的范围内，该工厂仍可以产生利润。

（3）新德里能源和资源局（TERI）及印度石油有限公司的法里达巴德研发中心开发了生物修复技术用于含油泥沙的降解。他们开发的Oilivorous-S细菌系统可以降解含油泥沙和含硫烃类化合物，不会造成其他危害。该炼厂采用这种技术已经成功处理了17.5×10^8t含油泥沙，目前正在处理第二批17.5×10^8t的含油泥沙。

（4）炼厂的主要能源消耗单元是过程加热器。为了减少通过加热器器壁的辐射能量损失，适当地安装耐火材料和相应的维护是十分关键的。随着温度的升高，防火墙的发射率降低，相应地增加了能耗。具有高发射性的陶瓷涂层可以增加加热器器壁耐火材料的发射率，进而降低能量消耗。采用高发射性涂层的主要好处有：①增加加热器器壁耐火材料的辐射能力，并且更够反射能量，这样可以节约能源；②增加耐火材料的寿命，避免形成局部热点；③可以耐高达1500℃的温度；④可以提供稳定的表层温度，提高生产效率。Gujarat炼厂已经成功应用这种技术，节约了大量的能源。

（5）原料准备单元（FPU-1）的预加热改进项目成功实施。预加热与否由热进料的加工量决定。当加工更多的热进料时，可以改善预热，使加热器能耗较低。原料准备单元早期的原料是来自前4号常压装置的混合冷热进料。为了提高热进料的加工量，炼厂开始加工来自5号常压装置的热原料。运行结果表明，预热提高8℃，每年可以节约能源9.5×10^8t。

[❶] 网页链接：http://www.bee-india.nic.in/sidelinks/EC%20Award/Current.html。

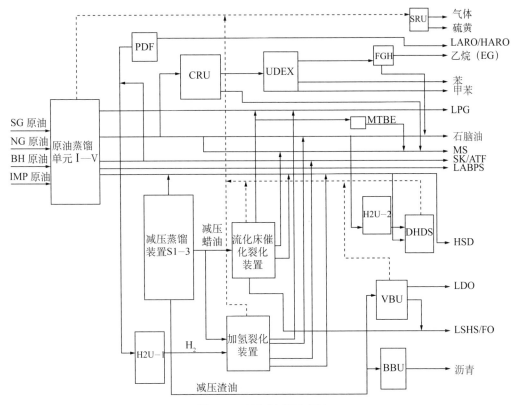

图7-29　炼厂流程示意图

SG—Gujarat南部；NG—Gujarat北部；BH—孟买；IMP—进口；PDF—中试蒸馏装置；CRU—催化重整单元；UDEX—芳烃抽提单元；FGH—食品级正己烷装置；SRU—硫黄回收单元；MTBE—甲基叔丁基醚；VGO—减压蜡油；VBU—减黏裂化单元；BBU—沥青氧化单元；LSHS/FO—低态重油/炉用油；LDO—轻柴油；DHDS—柴油加氢脱硫；MS:中速；SK/ATF—自动变速箱润滑油；HSD—高速柴油；LABPS—直链烷基苯；FGH:H2U—制氢单元；LAR/HAR O—轻/重铝材轧制油

（6）Gujarat炼厂已经将蒸汽吸收系统替代常规的制冷系统，用于控制室冷却。蒸汽吸收系统是环境友好的和节能高效的，没有氟氯碳化物（CFC）排放，然而CFC排放在传统的压缩制冷系统却无法避免。蒸汽吸收系统以低压蒸汽操作，其中低压蒸汽在任何炼厂都可以获得。这种可以节省高昂的电费。目前,炼厂安装的蒸汽吸收技术的成本大约是300万卢比，大约每年可以节约943000kW·h的电量。

（7）高温操作是炼厂催化裂化的瓶颈，因为在高温操作条件下，CO燃烧炉将每小时燃烧78t残炭。减少CO燃烧炉的喷嘴，则用于辅助燃烧的燃料油用量下降。重新设计的燃烧炉的每天燃料油需求量由25t降低至13t，这样可以确保FCC装置可以在高加工量下工作。

（8）炼厂FCC装置再生器的空气输送由涡轮驱动的主鼓风机提供，用于涡轮驱动的中压蒸汽消耗量和空气需求量有关联。增加CO助剂可以减少后燃烧，同时也可降低再生器的空气需求量。通过增加CO助剂，在相同加工条件下再生器的空气需求量降低1500m³/h。这样可以每小时节约2t的中压蒸汽。

（9）老式设计采用填料密封的原油泵很容易发生泄漏和短暂的排放。这类泵存在安全隐患。炼厂采用机械密封替代泵的填料密封，阻止原油损失。与填料密封相比，机械密封还可以降低摩擦损耗和节省能源。

（10）浮顶是100多年前开发的，主要用于安全防护，阻止爆炸性气体在罐顶部和石油组分之间累积。目前，浮顶的主要作用是控制流失、大气污染和安全防护。为了减少浮顶罐的蒸汽损失，浮顶罐目前配有双层密封。

（11）炼厂对全厂的疏水阀和蒸汽泄漏的情况进行调查。通过调查标示出损害/泄漏的疏水阀、泄漏点，并且实施预防性维修方案。工作小组建议的疏水器的修理/置换和蒸汽泄漏的维护具有高度优先权。最终可以节约燃料1620万卢比。

资源防护和防止资源浪费对于降低炼厂成本和好的环境效益是十分关键的。CP/P2提供的机遇与节约能源直接相关，同时降低了燃料燃烧对环境的负面影响。

第六节 加利福尼亚炼厂的CP/P2案例研究

1998年，加利福尼亚州石油炼厂减少有害废弃物源评估报告（美国环保局，2004年1月）是一个很好的资源，其中列举了很多炼厂实施的CP/P2项目和方案。表7-11和表7-12给出了部分炼厂改进的环境效益。

表7-11　加利福尼亚州石油工业废水（目录A）减排数据

地点	1994年排放量（lb）	1998年排放量（lb）	改变量（lb）	改变比例（%）
Martinez炼油公司	144×10^8	78.9×10^8	65.1×10^8	45.2
Tosco炼油公司 San Francisco炼厂	8716050	0	8716050	100.0
Golden Eagle炼厂	2203116000	1759009700	444106300	20.2
雪佛龙公司 EI Segundo炼厂	129990	26642	100348	77.2
Tosco 炼油公司 Santa Maria炼厂	376700	0	376700	100.0
总和	16612338740	9649036342	6963299398	41.9

表7-12　加利福尼亚州石油工业非水废弃物（目录B）减排数据

地点	1994年排放量（lb）	1998年排放量（lb）	改变量（lb）	改变比例（%）
雪佛龙公司 Richmond炼厂	13934000	10912000	3022000	21.7
Valero炼厂	83347800	83828000	74965000	89.9
雪佛龙公司 EI Segundo炼厂	67880000	49253336	18624664	27.4
Tosco炼油公司Carson、Wilmington和Marine Terminal炼厂	55905703	5872955	50032748	89.5
Paramount石油公司	1521680	146240	1375440	90.4

续表

地点	1994年排放量（lb）	1998年排放量（lb）	改变量（lb）	改变比例（%）
Valero炼油公司 Wilmington沥青装置	152000	96100	55900	36.8
Oildale炼厂	1434948	668390	766558	53.4
Tosco炼油公司 Santa Maria炼厂	2719490	1270050	1449440	53.3
总和	226895612	76603871	150291750	66.2